BIBLIOTHÈQUE AGRICOLE DU MIDI

PRINCIPES
D'AGRICULTURE

APPLIQUÉS

AUX CONTRÉES MÉRIDIONALES DE LA FRANCE

A L'USAGE DES ÉCOLES PRIMAIRES

PAR

LOUIS FABRE

DIRECTEUR DE LA FERME-ÉCOLE DE VAUCLUSE

MONTPELLIER
GRAS, IMPRIMEUR-LIBRAIRE, ÉDITEUR
1861

table des matières
dépliées

BIBLIOTHÈQUE AGRICOLE DU MIDI

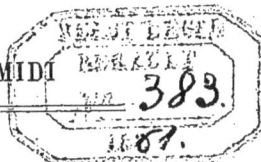

PRINCIPES
D'AGRICULTURE

APPLIQUÉS

AUX CONTRÉES MÉRIDIONALES DE LA FRANCE

A L'USAGE DES ÉCOLES PRIMAIRES

PAR

LOUIS FABRE

DIRECTEUR DE LA FERME-ÉCOLE DE VAUCLUSE

MONTPELLIER

GRAS, IMPRIMEUR-LIBRAIRE, ÉDITEUR

—

1861

INTRODUCTION

JEUNES AMIS,

Pendant que j'écrivais ce petit livre, j'ai bien souvent réfléchi aux entraînements dont on est susceptible à votre âge, et aux moyens les plus faciles et les plus sûrs pour diriger votre activité vers un but moral et salutaire : je me rappelais naturellement les occupations qui avaient le plus passionné mon enfance. La culture des plantes faisait alors mes plus chères délices; j'y consacrais tout le temps de mes récréations, ainsi que toutes les ressources que je tirais pour mes menus plaisirs de la générosité de mes parents. Mon père était heureux de ces tendances; non qu'il espérât voir un jour l'agriculture devenir ma

Principes d'agriculture.   1

profession, mais parce qu'il désirait me voir, tout en acquérant des connaissances d'une utilité sérieuse, échapper à la vie de dissipation vers laquelle tendent trop généralement les distractions que prennent les jeunes enfants de nos écoles.

Je m'efforçais, par mon application à mes devoirs, d'exciter chez cet excellent père son affectueuse générosité, afin d'accroître par là les ressources toujours insuffisantes que je consacrais à collectionner des plantes; ce n'était là cependant qu'une peine minime, en comparaison de l'ennui que me causaient les études classiques dans tout ce qui ne se rapportait pas à ma passion agricole, et j'étais désolé d'en être réduit aux seules ressources de mes observations, et aux lentes démonstrations de ma juvénile expérience.

Jusqu'à ce jour, on n'a mis entre les mains des enfants, pour livres de lecture, que des contes trop souvent fades ou merveilleux, qui ne peuvent qu'obscurcir l'esprit et le remplir des chimères d'un monde fictif, ou bien que les parties les plus belliqueuses de l'histoire, des faits d'armes et des épisodes barbares, qui ont l'inconvénient d'exalter précocement l'imagination et d'endurcir le cœur. Est-ce bien à notre

époque de progrès pacifique qu'il convient de re-
présenter encore les jeux sanglants de la guerre
comme l'unique moyen d'acquérir la gloire et
d'inspirer l'amour de la patrie ?

L'opinion publique le proclame hautement aujourd'hui, une gloire plus réelle s'acquiert par les
services que l'on rend à l'humanité, en la dotant
de nouveaux produits alimentaires, en décou-
vrant des méthodes perfectionnées qui fassent
produire aux champs davantage, tout en exigeant
des travaux moins pénibles, en inventant des
machines qui permettent de suppléer au travail
de l'homme dans les champs, comme dans les
manufactures; en mettant, en un mot, l'alimentation, le vêtement, le bien-être, à la portée même
des plus pauvres. Voilà quelles sont les véritables
conquêtes, voilà comment s'acquiert la gloire
durable; le nom de bien des guerriers sera depuis
longtemps tombé dans l'oubli, que les populations
de tous les pays béniront encore la mémoire de
Parmentier, ce patient et modeste savant auquel
nous devons la pomme de terre.

Si la guerre mène aussi à la gloire, ce n'est
que lorsqu'elle défend notre civilisation et notre
liberté contre les violences de la barbarie, ou

contre d'injustes convoitises ; si la guerre est honorable et sainte, c'est quand une nation opprimée réclame son indépendance, travaille à son affranchissement, et revendique les droits imprescriptibles de l'humanité, comme les temps modernes nous en ont fourni des exemples mémorables.

La mémoire de Napoléon III ira certainement jusqu'à la postérité la plus reculée ; mais ces ovations ne seront pas seulement décernées au grand politique qui sut arrêter l'essor conquérant de la Russie, au guerrier intrépide qui a délivré l'Italie de ses oppresseurs : ce sera surtout au législateur qui a réalisé l'idée si libérale et si féconde du libre échange, par lequel les barrières qui s'interposaient entre les peuples tombent et s'effacent successivement. L'humanité tout entière tend à se fondre en une même famille, à la faveur du libre échange ; l'électricité et les chemins de fer, ces communications faciles et continues, rendent tous les peuples solidaires et agrandissent dans d'immenses proportions la tâche imposée à chacun, de produire le plus possible et dans les meilleures conditions économiques.

Pour soutenir la lutte ouverte ainsi entre toutes les nations, nous avons besoin d'y préparer la jeunesse dès le bas âge, et d'attirer par la diffusion des connaissances agricoles, non-seulement les fils d'agriculteur, mais même une partie des bras des villes ; ce combat industriel aura bien plus d'importance que les plus vastes conquêtes.

Nous pensons qu'il sera beaucoup plus attrayant pour la jeunesse de rechercher dans l'histoire les moyens qu'on a mis en œuvre dès l'antiquité pour pourvoir à la subsistance des peuples, de connaître les premiers instruments dont l'homme s'est servi pour cultiver son champ et pour mettre en terre les semences. Vos jeunes imaginations seront aussi fort satisfaites d'apprendre que dès les premiers temps tous nos pères, sans exception, étaient cultivateurs ; et si elles aiment à être frappées par des faits surprenants, elles verront que, avant d'avoir soumis les animaux au joug, les premiers hommes attelaient à la charrue leurs ennemis vaincus, et à défaut leurs fils. Il est intéressant d'ailleurs de connaître par quelle gradation on est parvenu à utiliser et à améliorer les ressources que le Créateur a mises à la disposition de l'homme. Sur ce sujet, mes amis, ma plume serait incapable de vous faire un tableau fidèle des merveilles de la nature ; je n'entreprendrai pas non plus de vous démontrer l'impuissance relative de l'homme, et de rechercher pourquoi cet être orgueilleux, qui parfois ne s'incline pas assez devant les œuvres du Tout-Puissant, est incapable d'imiter la plus petite partie d'un corps minéral ou végétal ; mais, pour vous convaincre de l'utilité et de la perfection des œuvres du Créateur, je ne vous parlerai, après vous avoir dépeint une partie des faiblesses humaines, que des deux animaux qui vous paraissent les plus immondes et les plus dégoûtants : le porc et le crapaud.

Jugez, mes amis, de la bizarrerie des appréciations si souvent injustes de la société : si un homme, en France surtout, vient à en insulter un autre, il croit ne pouvoir mieux faire que de le qualifier de paysan ; or, si, pour éviter cette qualification, la classe agricole abandonnait un jour la campagne, que deviendraient ces ridicules insulteurs ? Chacun serait forcé de cultiver sa portion de terre pour vivre, et bientôt toutes les valeurs, les monnaies mêmes qui sont les idoles du jour, n'auraient pas plus d'emploi que les cailloux des routes. Comment donc ne pas honorer la profession, l'état qui procure les moyens d'existence à tous

les êtres vivants, qui alimente toutes les indus-
tries? Voyez, dans l'Ecriture sainte, l'intérêt que
porte le Créateur au premier état de l'homme, et
les honneurs qui sont rendus à l'agriculture par
les plus grands monarques et par les plus grands
guerriers, qui, au retour de leurs conquêtes, ve-
naient prendre les mancherons de la charrue ; consultez l'histoire, et voyez si, à aucune époque, les
sommités de ce monde ont accordé les mêmes honneurs, la même protection, aux états de cordon-
nier, de maçon, de menuisier, de négociant, etc.,
et si jamais vous avez été témoins, dans un moment
de chômage de ces états citadins que vous enviez,
de prières générales aussi émouvantes et aussi
solennelles que celles qui sont adressées au Créateur pour attirer son intervention dans les cala-
mités agricoles : peut-être que Dieu permet ces mo-
ments de revers et de crainte dans la production
du sol pour conserver à la terre l'intérêt qu'elle
mérite, car on rencontre encore des pays assez
peu intelligents pour ne s'intéresser efficacement
à l'agriculture que *lorsqu'elle nous menace* de
nous faire défaut.

Jugeons maintenant, mes amis, de l'appréciation
presque générale des hommes sur les animaux et

notamment sur les deux que je viens de vous
citer. Depuis l'enfant jusqu'au veillard, on ne
croit pouvoir mieux dépeindre la saleté, la féro-
cité, la stupidité, que par la comparaison du
porc: nul animal n'est pourtant plus propre, plus
intelligent et doué d'autant de reconnaissance,
dans son jeune âge surtout, que le cochon. En
effet, le porc sauvage livré à ses instincts est un
animal qui tient son habitation (sa bauge)
dans un état de propreté parfaite ; s'il recherche
les mares d'eau pour calmer l'état de déman-
geaison de sa peau, il ne se jette dans de l'eau
sale qu'à défaut d'en trouver de propre, dans
laquelle il nage et prend un bain avec délectation.
Sa chair est non-seulement une des ressources
les plus importantes et les plus précieuses pour
le pauvre, mais elle fournit à la table du riche
les mets les plus variés, les plus recherchés, et
de plus elle approvisionne notre marine de la
viande salée la plus savoureuse et la plus abondante.

L'intelligence et l'amour maternel sont tels
chez le porc, que, pour rejoindre ses porcelets, la
truie ouvre les verroux des portes, et soulève
même des crochets servant d'obstacle sous forme

de secret. On a vu aussi, d'après Viborg, des porcs enlever la cheville d'un tonneau de bière pour s'en abreuver. Mais, si les exemples d'amour maternel se retrouvent chez beaucoup de races d'animaux, il est rare de trouver, même chez l'homme, des enfants donnant des signes aussi saillants de reconnaissance que le porcelet dès l'âge de douze à quinze jours. J'ai remarqué chez diverses races, notamment chez les anglaises et croisées anglaises, que les jeunes porcelets, après avoir pris leur repas au lait maternel, viennent témoigner leur gratitude en présentant l'un après l'autre leur grouin près de celui de leur mère ; si par hasard l'un d'eux se dispense de cette accolade, c'est toujours celui qui, s'étant emparé de deux mamelles, sera devenu plus fort, plus repu, ce qui l'aura rendu plus arrogant, plus hautain et ingrat : cherchez, mes bons amis, pareil témoignage cordial chez les autres animaux que vous entourez de tous vos soins, de toute votre affection, vous n'en trouverez aucun.

Et ce pauvre crapaud, pour lequel vous avez inventé un supplice spécial (le saut du crapaud), mérite-t-il votre désaffection et la préférence de cette sorte de bonheur qu'on éprouve à le faire périr? Etudiez-le pourtant, et apprivoisez-le : il est d'une docilité exemplaire ; si vous lui assignez un gîte, il l'occupera avec modestie, sans importunité, et n'en sortira, si vous le voulez, que sur votre appel, pour venir prendre son repas. Il est peu exigeant en été, il vit de rien en hiver, et il sait vous témoigner sa reconnaissance du peu qu'il consomme par les regards les plus expressifs et un cri tout particulier. Il s'attache même aux enfants de son bienfaiteur : si vous lui permettez les douceurs d'une compagne, quelque liberté que vous lui donniez ensuite, il n'en aura jamais d'autre pendant sa très-longue existence ; il cherchera à la distraire par tous les moyens, il lui servira de chirurgien au besoin, et, si elle vient à mourir, il se retire dans une solitude plus austère et meurt. C'est cependant contre ce modèle de reconnaissance et de fidélité que vous vous acharnez avec le plus de satisfaction, et quand vous vous emparez d'un individu de cette espèce, après lui avoir reproché ses formes rampantes, ses pesantes allures, et même un venin qu'il n'a jamais eu, vous vous emparez de ce préjugé pour vous faire un jeu cruel de son supplice, en le faisant servir de projectile à une pièce de bois placée en équilibre

sur une pierre que vous faites agir comme fonc-
tionnaient dans l'antiquité les catapultes contre
les villes assiégées. Si je ne vous aimais, si je ne
savais que chacun de vous possède un cœur sensible, je dirais froidement, comme l'a déjà dit un
moraliste célèbre [1], que *votre âge est sans pitié;*
mais à Dieu ne plaise que je me rende jamais
coupable d'une aussi noire calomnie : votre âge a
l'heureux privilége de tous les bons instincts, et,
si vous traitez ainsi le crapaud, c'est parce qu'on a
trompé votre inexpérience, en vous le présentant
comme un ennemi. Eh bien ! mes amis, non-seulement le crapaud possède des qualités de cœur
des plus remarquables, mais il fait une guerre
incessante aux insectes et à la vermine, si funeste
aux végétaux qui vous servent de nourriture.

En France, où l'agriculteur ne possède ni instruction, ni fortune suffisante, où l'agriculture
est considérée par la majorité comme le plus vil
métier, les crapauds sont pourchassés et on les
fait périr impitoyablement ; tandis qu'en Angleterre, où la nation comprend mieux ses vrais
intérêts et honore l'agriculture, où chacun ex-

[1] Lafontaine, fable des *Deux Pigeons.*

ploite ou cultive le domaine paternel, où l'on rencontre des fermiers riches à millions, où la terre
est un métier, une fabrique pour les produits les
plus indispensables à la vie de l'homme et à l'industrie, où l'agriculteur est instruit et considéré,
admis à tous les honneurs, les crapauds sont recherchés par les jardiniers, qui les payent 0,50 c.
et quelquefois 1 franc pièce, pour leur confier la
destruction des insectes herbivores.

Ces considérations de détail seront pour vous
entraînantes et précieuses; elles vous convain-
cront, dès le bas âge, que les moindres objets présentent toujours un sujet d'étude et d'utilité, et,
lorsque plus tard vous aurez à mettre en pratique
les principes qu'on vous aura donnés, ne vous
départez pas d'une prudente réserve et d'un
sagace esprit d'observation, et n'acceptez les nou-
veautés que lorsqu'elles se trouveront d'accord avec
les règles bien établies de la végétation, et lorsque votre expérience les aura sanctionnées dans
une certaine mesure.

Au moyen de l'instruction théorique et pratique que vous acquerrez en suivant nos enseigne-
ments, vous ne vous contenterez pas, comme vos
devanciers, de savoir semer, labourer et faucher:

vous aurez des principes pour apprécier les qualités de la terre qui seront à exploiter, les plantes
et les façons qui leur conviennent le plus spécialement, les amendements qui leur sont nécessaires, les engrais dont leur nature s'accommode le
mieux ; vous pourrez aussi, avec connaissance,
adopter un assolement profitable au sol et à vos
revenus, faire un choix judicieux de vos semences, tailler vos arbres avec discernement, faire
vos labours en temps convenable et suivant la
nature du sol, calculer la valeur des instruments
dont vous vous servirez, et vous ne serez plus
exposés ainsi à ces tâtonnements qui ruinent si
souvent les plus intrépides cultivateurs, quand
ils changent de ferme.

Ne vous laissez pas séduire non plus par de
faux amis, par le mirage trompeur du séjour des
villes et l'attrait de plaisirs toujours ruineux et
corrupteurs. Voulez-vous vous convaincre de la
supériorité de votre condition sur celle des arti-
sans ? Allez à la ville un jour d'hiver, vous y verrez
ces ouvriers, qui dans une autre saison vous sem-
blaient doués d'une insouciante gaieté, mal vêtus,
grelottants, la face blême, le corps étiolé par un
long séjour dans l'atmosphère viciée des fabriques ;

les uns hâtant le pas pour rentrer dans leur bouge, où un implacable contre-maître leur imposera, pour un retard d'une minute, un retranchement sur le salaire déjà fort insuffisant de leur journée, et les autres, hélas! manquant de travail et de pain, tendant la main par les rues, assiégeant les bureaux de secours, obsédant les personnes et les administrations charitables, qui s'épuisent sans cesse à répandre des aumônes, sans diminuer d'un seul le nombre des nécessiteux. Si la saison devient plus âpre, si ses rigueurs se compliquent d'une crise d'affaires, alors on voit avec terreur grossir le flot de ces pauvres affamés; ils exigent impérieusement et avec insolence la satisfaction de leurs besoins, et la société en est réduite à la fatale alternative d'une répression sanglante ou d'un bouleversement général. Mais, dans ces circonstances pénibles, jetez un coup d'œil dans les campagnes, et vous verrez le cultivateur vivant loin des hospices, loin des institutions et des sociétés de bienfaisance; vous le verrez, dis-je, supporter noblement, avec un calme admirable, les rigueurs de la saison et les résultats de circonstances malheureuses. Il vivra sous son chaume des produits agricoles qu'il a récoltés, dont il s'est approvisionné à la fin de l'hiver, et , si la durée des frimas le force à consommer son approvisionnement avant d'avoir pu se livrer à des travaux productifs, il empruntera en nature à son voisin, mais sa fierté l'empêchera toujours de tendre la main.

Si la fierté et le caractère indépendant du cultivateur sont aujourd'hui reconnus, on ne saurait méconnaître qu'il y a aussi chez lui des mœurs plus douces et plus humaines que chez l'habitant des villes. Éloigné des centres d'instruction et de secours , privé des bienfaits de nombreuses sociétés d'assistance , des ateliers de charité et des hospices , livré à ses propres ressources , le cultivateur pourrait naturellement être froissé et même aigri , et pourtant il n'en est point ainsi. Quels que soient les changements qui se sont opérés chez l'homme des champs depuis les temps primitifs, il existe encore dans les campagnes des mœurs attrayantes et entièrement fraternelles.

Si un incendie ou tout autre malheur frappe un campagnard, ses voisins accourent, se dévouent et bravent le danger; mais ils ne se bornent pas à ce devoir qui pousse l'homme à prêter assistance à son semblable : ils ne l'abandonnent pas après le malheur ; les ustensiles nécessaires qui ont été brisés ou incendiés sont bientôt remplacés par ceux dont peuvent disposer les voisins ; on réorganise l'intérieur de la ferme et on ne la quitte même qu'après avoir promis de revenir pour aider l'incendié dans ses travaux en retard, et pour réédifier sa position, à titre de prêt ou d'avances. Y a-t-il des malades dans la contrée ? Une main amie se présente pour venir les soigner pendant la nuit, et pour prier à leur chevet. Ces dévouements sans calcul, sans relâche et sans ostentation, existent encore chez de jeunes personnes de la campagne, douées d'autant de cœur que de principes moraux, et portées ainsi au bien pour le bonheur de le faire.

C'est encore à la campagne, et à la campagne seulement, mes amis, que vous retrouverez cet accueil cordial qui est si doux, si entraînant et si soutenu, chez la fermière surtout ; après vous avoir offert ombrage, repos et tout ce dont elle dispose pour vos besoins, elle ne vous laisse point quitter sa toiture rustique sans vous donner cet adieu si bienveillant et si naïf, qui est usité dans les pays méridionaux : *A Diou sias*, *Mousu, et vosto compagno* (Soyez avec Dieu, mon maître, sous la conduite de votre ange gardien). Elle ignore, cette excellente mère, la signification textuelle de ces paroles primitives, et pourtant elle y apporte une expression pleine de bonté et de charme, qui décèle toute la pureté et la douceur de son âme.

Ce parallèle, dont je suis loin d'avoir forcé les couleurs, vous a convaincus, mes jeunes amis, de la supériorité de l'ouvrier des champs sur celui de nos manufactures, tant sous le rapport du bien-être matériel que sous celui du degré de liberté dont l'un et l'autre jouissent. Cependant le commerce vous paraîtra peut-être plus agréable et plus lucratif que l'exploitation agricole. Sans doute l'agriculteur n'a pas les chances des bénéfices considérables qu'accorde parfois le hasard autant que les combinaisons de l'industrie et du commerce ; mais les crises, les changements des modes et des procédés, les inventions nouvelles, et plus que tout cela les intrigues et les jalousies viennent faire un triste pendant à ce côté heureux des opérations industrielles et commerciales. De même que les succès y sont brillants, les chutes y sont désastreuses : il suffit d'un seul revers pour détruire notre crédit, ruiner notre fortune, pour nous atteindre jusque dans notre considération et notre honneur; tandis que l'agriculteur n'a à redouter que sa fainéantise et sa propre négligence. Un autre avantage de la vie champêtre, c'est que les soins incessants et variés qu'exigent chaque jour les cultures, les bestiaux, la préparation des récoltes pour les mettre dans les conditions d'une vente avantageuse, intéressent bien plus vivement que les nouvelles qui remplissent les papiers publics ou les commérages, les sales intrigues qui sèment la division et répandent l'inquiétude dans les familles agglomérées dans les villes.

En vue de l'immense lutte que la grande pensée du libre échange va établir entre les produits de toutes les nations du globe, apprenez dès votre bas âge, mes bons amis, à mieux soigner vos récoltes; faites que l'industrie, qui met en œuvre aujourd'hui la majeure partie de nos produits agricoles, les trouve si loyaux et si habilement préparés, qu'elle ne soit pas tentée de demander ailleurs ses matières premières : les industriels et les commerçants sont les agents et les intermédiaires entre le producteur et le consommateur; en les trompant, vous vous trompez vous-mêmes. Il dépend de votre application et de votre intelligence d'assurer aux produits de l'agriculture française le premier rang sur tous les marchés du monde; notre honneur comme nation et notre fortune comme agriculteurs dépendent de ce résultat.

PRINCIPES

D'AGRICULTURE

PREMIÈRE PARTIE

—

NOTIONS GÉNÉRALES

1. *L'agriculture* est l'art de faire produire au sol des récoltes avantageuses ; c'est la plus utile et la plus noble des professions, en même temps que la plus lucrative et la plus salutaire pour le corps et pour l'esprit.

Elle fournit à tous les peuples et à tous les animaux leur nourriture de chaque jour ; elle développe les forces physiques et l'intelligence par l'aspiration d'un air pur, par l'assiduité et la diversité des travaux ; de plus, elle procure des bénéfices assurés et proportionnés à l'activité, au jugement et à l'instruction de celui qui en fait son état.

2. Parmi les hommes qui se livrent à l'agriculture, on distingue le CULTIVATEUR, l'AGRICULTEUR et l'AGRONOME

Le CULTIVATEUR est l'*artisan* qui travaille la terre ou qui en conduit les travaux ; cette qualification s'applique à l'ouvrier agricole et à tous ceux qui s'occupent plus ou moins de la grande, de la moyenne et de la petite culture. Dans l'intérêt bien entendu de l'agriculture, il serait à désirer que chaque cultivateur eût l'ambition de devenir agriculteur.

L'AGRICULTEUR est l'*artiste* qui cultive la terre d'après les principes de la *science* agricole ; qui consacre à l'exploitation d'un domaine, grand ou petit, son labeur, ses capitaux, son expérience et son instruction, et lui fait produire, par des méthodes raisonnées, les graines, les fruits, les fourrages, les bestiaux, la soie, la laine, le vin, le bois, et enfin toutes les matières les plus indispensables à l'existence de l'homme et à l'alimentation des travaux de l'industrie et du commerce.

En Chine, l'empereur lui-même, pour honorer

l'agriculture, trace chaque année, dans un jour solennel, le premier sillon d'un champ, que les princes du sang, puis les grands dignitaires, achèvent de labourer de leurs propres mains.

En Europe, et principalement en France, les souverains se font agriculteurs en créant des fermes et des exploitations rurales modèles, lesquelles stimulent le progrès de la science agricole et rendent au pays les services les plus éminents. Pour être bon agriculteur, il faut être aussi bon agronome.

L'AGRONOME et le *savant* versé dans la science agricole, dans la connaissance des principes sur lesquels repose la culture des terres.

3. La connaissance des principes sur lesquels repose la culture s'appelle *théorie*, et l'application de ces mêmes principes se nomme *pratique*.

4. La *théorie* et la *pratique* forment ensemble l'art de la *culture*; ce sont deux conditions indispensables à la bonne culture. Cet art, qui a été le premier dont se soient occupés nos aïeux, se divise en cinq parties principales :

5. L'*agriculture*, dont nous venons de nous occuper; 2º l'horticulture; 3º la viticulture; 4º la sériciculture; 5º la sylviculture.

L'*horticulture* s'occupe particulièrement de la culture des plantes potagères, des arbres fruitiers et des fleurs; elle est la mère de l'agriculture, en ce sens que peu de produits entrent dans le domaine de l'agriculture sans avoir été essayés dans l'horticulture.

La *viticulture* s'occupe de la culture de la vigne. C'est surtout dans le midi de la France que cette industrie a pris un développement considérable et qu'elle menace de porter atteinte à l'abondance des autres récoltes indispensables.

La *sériciculture* est l'élevage du ver à soie, qui donne une des récoltes les plus importantes des contrées méridionales.

La *sylviculture* a pour objet la culture des arbres qui constituent les forêts, et dont les produits servent aux constructions et au chauffage.

QUESTIONNAIRE

1. Qu'est-ce que l'agriculture?
2. Quelle différence existe-t-il entre un cultivateur, un agriculteur et un agronome?
3. Qu'entend-on par théorie et par pratique?
4. Comment se divise l'art de la culture?
5. Qu'entend-on par horticulture, par viticulture, par sériciculture et par sylviculture.

PRÉCEPTES.

Quiconque ne sait pas souffrir n'a point un grand cœur.
(Fénelon.)

*Dieu fait du bonheur un devoir, en apprenant qu'on
n'est heureux que par la vertu.* (A. Dufresne.)
*On ne peut que bien augurer d'un homme qui a des amis
vertueux.* (Stanislas.)
Celui qui compte dix amis n'en a pas un. (Malesherbes.)
*La modeste et douce bienveillance est une vertu qui donne
plus d'amis que la richesse et plus de crédit que le
pouvoir.* (Ségur.)

DE LA VÉGÉTATION ET DE LA NUTRITION[1] DES PLANTES

—

Racine, tige, feuille et sève

6. Les *végétaux* ou *plantes* sont des êtres organisés, qui vivent sans avoir le sentiment de leur existence ni la faculté de se mouvoir; qui se nourrissent dans l'air, dans l'eau et dans la terre; qui se reproduisent au moyen de graines, de marcottes et de boutures, et qui meurent après avoir accompli les phénomènes de nutrition, de croissance, de respiration et de transpiration[2].

---

[1] *Nutrition* veut dire « action de se nourrir. » Les plantes, en effet, se *nourrissent* des sucs de la terre, comme l'homme se nourrit de viandes et d'herbages.

[2] *Transpiration,* action de transpirer, de suer.

7. Les plantes sont composées, en général, de quatre parties distinctes : 1° la racine; 2° la tige; 3° les feuilles, qui sont les agents de la nutrition; 4° la fleur et ses différents organes, qui sont destinés à la fructification[1] et à la reproduction.

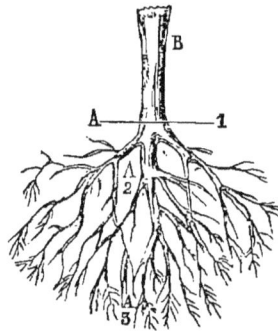

Fig. 1

8. La *racine* (A) est la partie inférieure de la plante, qui s'enfonce dans le sol et s'y divise en diverses ramifications et en chevelu, dont les extrémités, appelées *spongioles,* ont pour fonction de puiser dans la terre la nourriture nécessaire à la végétation. La racine est composée de trois parties distinctes : 1° le collet, ou nœud vital (A1); 2° le corps principal de la racine, c'est-à-dire la partie qui est entre le collet et le chevelu (A2); 3° le chevelu (A3).

---

[1] Formation du fruit.

9. La *tige* (B) est la partie de la plante qui part du collet de la racine et s'élève verticalement au-dessus du sol. Elle est dite *ligneuse* quand elle se compose d'un bois solide, dont l'endurcissement résiste à toutes les saisons. Dans ce cas, la tige porte aussi le nom de *tronc* ; exemple, le cerisier, l'acacia, le lilas, etc. La tige est *sous-ligneuse* quand il n'y a que la partie basse qui résiste et quand la partie haute se renouvelle chaque année ; exemple, le thym, la douce-amère. Elle est *herbacée* lorsqu'elle est molle, flexible et verdâtre ; exemple, le poivron, la pomme d'amour et le plus grand nombre des plantes annuelles. Elle est *vivace* quand la plante vit plusieurs années, quoique les tiges périssent annuellement : garance, violette, etc.; *bisannuelle* quand elle vit deux ans : sainfoin, digitale, etc. ; *annuelle* lorsqu'elle ne vit qu'une année : avoine, réséda, etc.

10. La tige d'un arbre ou d'un arbrisseau se compose de trois parties principales : l'écorce, l'aubier et la moëlle (fig. 2).

(Suit la figure.)

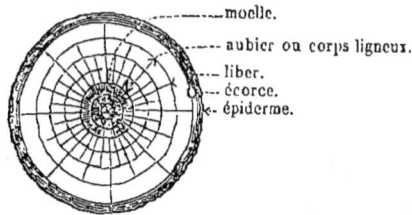

Fig. 2

11. La partie la plus superficielle de l'écorce s'appelle *épiderme;* au-dessous d'elle se trouve une seconde couche, fort souvent spongieuse[1], et qu'on désigne sous le nom de *liber.*

12. Ces divers feuillets de l'écorce, qu'on appelle *livrets,* se transforment peu à peu en bois, c'est-à-dire en corps ligneux, nommé *aubier,* qui a une couleur plus ou moins foncée et une dureté plus ou moins forte, suivant l'âge. Au centre du tronc et de toutes les couches se trouve un matière moins dure et plus ou moins spongieuse, qu'on nomme *la moelle.*

13. Les *feuilles* sont, avec les racines, les organes les plus essentiels de la vie végétale, à laquelle les feuilles contribuent même dans une plus grande proportion : elles prennent dans l'air les éléments gazeux et liquides qui conviennent à la nutrition des végétaux ; elles absorbent dans l'atmosphère les fluides qui leur sont utiles et exhalent (chassent au

---

[1] Analogue à l'éponge.

dehors) ceux qui leur sont inutiles : ce sont les organes respiratoires des végétaux.

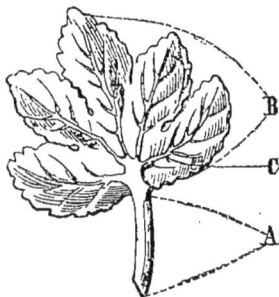

Fig. 3

14. Le *pétiole* (A) est la partie inférieure, le sup-
port de la feuille, par lequel elle est fixée à la tige
ou au rameau. Quelquefois les feuilles n'ont pas de
pétiole, et elles sont appelées *sessiles*.

15. Le *limbe* ou *lame* (B) est la partie plane de
la feuille, qui est composée d'une quantité de fibres
ou nervures (C) et d'un tissu verdâtre appelé *pa-
renchyme*.

16. La *sève* est un liquide contenant en solution [1]
des matières animales et végétales, qui servent à la
nutrition des plantes. La sève a deux mouvements :
elle monte par l'*aubier,* elle descend par le *liber*.

---

[1] Des matières *en solution* sont des matières *dissoutes* dans un
liquide ; exemple, le sel dissous dans l'eau.

QUESTIONNAIRE

6. Qu'entend-on par un végétal ou une plante?

7. Quels sont les organes des plantes, et quelles fonctions remplissent-ils?

8. Qu'est-ce que les racines, et de combien de parties se composent-elles?

9. Qu'est-ce que la tige, et quelles sont les parties qui la constituent?

10. De combien de parties se compose la tige?

11. Qu'est-ce que l'écorce, et quelles sont ses parties distinctes?

12. Qu'est-ce que l'aubier et la moëlle?

13. Quelles sont les fonctions des feuilles?

14. Qu'est-ce que le pétiole?

15. Qu'est-ce que la lame ou le limbe?

16. Qu'est-ce que la sève, et comment fonctionne-t-elle?

PRÉCEPTES MORAUX

Le véritable bien se trouve dans le repos de la conscience.
        (Sénèque.)
Ce que Dieu garde est bien gardé.
A qui se lève matin Dieu aide et prête la main.
Veux-tu être riche? ne désire rien.
Désir promet plus que jouissance ne tient.
A sotte demande point de réponse.
A demande prompte réponse lente.

DE LA REPRODUCTION

17. Les organes de la fructification et de la reproduction sont : 1° la fleur ; 2° le fruit ; 3° la graine.

18. Une *fleur* complète se compose de quatre sortes d'organes : le calice, la corolle, les étamines, le pistil.

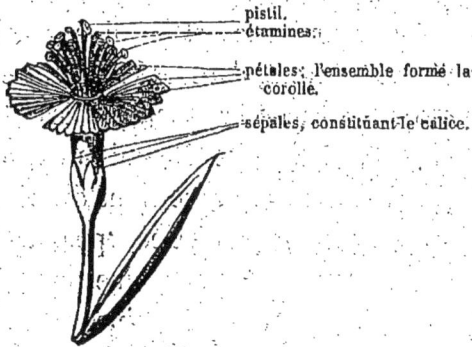

pistil.
étamines.
pétales : l'ensemble forme la corolle.
sépales, constituant le calice.

Fig. 4

Le *calice* est la partie la plus extérieure de la fleur ; il est le plus souvent de la couleur verdâtre des feuilles et se compose d'un nombre variable de parties distinctes, qu'on appelle *sépales*. Le calice est *monosépale* quand il ne forme qu'une pièce, et *polysépales* quand il a plusieurs divisions ou sépales.

19. La *corolle* est la seconde enveloppe de la fleur,

et se compose aussi d'un nombre variable de divisions, appelées *pétales*, lesquelles forment la partie la plus apparente et la plus brillante de la fleur ; les couleurs en sont aussi variées que ravissantes et répandent souvent beaucoup de parfum. On distingue les corolles en *monopétales*, ou d'une seule pièce, et *polypétales*, ou de plusieurs pièces.

20. Les *étamines*, appelées aussi *androcées*, forment le troisième organe de la fleur. Ce sont des filaments plus ou moins longs, le plus ordinairement de couleur jaune, et terminés par une *petite tête*; elles se trouvent, dans les fleurs, entre la corolle et le pistil. La partie filamenteuse des étamines se nomme *filet*, et la petite tête qui la surmonte, appelée *anthère*, est assez souvent divisée en deux parties appelées *loges*, d'où s'échappe, à l'époque de l'épanouissement de la fleur, une poussière fécondante appelée *pollen*. Les étamines sont les organes mâles de la fleur ou les agents de la reproduction.

21. Le *pistil* est l'organe femelle de la fleur. Il est au quatrième rang, ou à la partie centrale de la fleur ; on l'appelle aussi *gynécée* (ou partie fémine). C'est un petit corps qui se trouve ordinairement au milieu des étamines. La partie inférieure du pistil, située au fond et au centre de la fleur, et qui est renflée et verte, se nomme *ovaire ;* elle contient

les *ovules,* ou germes des graines. Le filet qui surmonte l'ovaire est appelé *style,* et son extrémité supérieure, blanchâtre et souvent gluante, s'appelle *stygmate.* C'est par le *stygmate,* et au moyen d'un petit canal appelé *tissu conducteur,* que le *pollen* va féconder l'*ovaire,* qui, par suite de la fécondation, se transforme en *fruit.*

22. Les plantes dont la fleur renferme à la fois des étamines et le pistil s'appelle *hermaphrodites.* Mais quelquefois ces organes sont séparés, et les étamines se trouvent sur une branche tandis que le pistil est sur une autre, comme on le voit dans le chêne; alors la plante est dite *monoïque.* D'autres fois même, le pistil se trouve sur un sujet et les étamines sur un autre, comme dans les pistachiers et le chanvre, et la plante alors est nommée *dioïque.*

QUESTIONNAIRE

17. Quels sont les organes de la reproduction?

18. Qu'est-ce que la fleur? Combien de parties organiques renferme-t-elle? Qu'est-ce que le calice?

19. Qu'est-ce que la corolle?

20. Qu'est-ce que les étamines?

21. Qu'est-ce que le pistil?

22. Qu'appelle-t-on plantes hermaphrodites, monoïques et dioïques?

PRÉCEPTES MORAUX

*Que la vie des enfants soit frugale, et leurs vêtements
simples. (Sénèque.)*
Le plus tard épargné est le plus tard gagné.
La parole vole, l'écriture demeure.
Ce qu'on apprend au berceau ira jusqu'au tombeau.
Qui aime bien châtie bien.
L'enfant mauvais vaut mieux lorsqu'il est malade.
Tout par douceur et rien par force.

DU FRUIT ET DE LA GRAINE

23. Le *fruit* est le produit de la fructification,
qui succède à la fleur; c'est un ovaire fécondé et
mûr, dont l'enveloppe, appelée péricarpe, renferme
la graine.

24. Le *péricarpe* est la partie ordinairement
charnue de l'ovaire et qui est destinée à être mangée,
comme la pomme, etc. Cette enveloppe charnue
contient les graines, qui sont appelées *pepins* dans
les *pommes* et les *poires*.

25. Les fruits se divisent en deux classes: les
fruits secs et les fruits mous ou charnus. Les fruits
secs sont le *légume* ou *gousse*, le *follicule*, la *cap-
sule*, le *silique* et les *cônes*; les fruits charnus sont
la *baie* et la *drupe*.

26. Les *graines* sont des ovules fécondés et propres à la germination : elles renferment dans leur milieu un germe appelé *embryon* ou *plantule*. Lorsque la graine est mise en terre et que l'embryon germe, il donne naissance à une partie inférieure qui s'enfonce en terre, qu'on nomme *radicule*, et à une autre partie supérieure, nommée *plumule*, laquelle forme la tige.

QUESTIONNAIRE

23. Qu'est-ce que le fruit?
24. Qu'appelle-t-on péricarpe?
25. En combien de classes se divisent les fruits?
26. Qu'est-ce que la graine et quels sont les organes dont elle est composée?

PRÉCEPTES MORAUX

Les hommes sont nés les uns pour les autres; il faut donc les instruire ou les supporter (La Rochefoucault).

Il n'y a pas de petits ennemis.

Les envieux mourront, mais l'envie ne mourra pas.

Fais bien, tu auras des envieux; fais mieux, tu les confondras.

Aide-toi, Dieu t'aidera.

A qui Dieu aide, nul ne peut nuire.

Avec du travail, on vient à bout de tout.

AGENTS DE LA VÉGÉTATION

27. Les agents de la végétation sont : la terre, l'eau, le calorique (c'est-à-dire la chaleur), la lumière, l'air et les gaz[1] répandus dans l'atmosphère.

TERRAINS AGRICOLES

28. Les terrains agricoles sont formés des débris des roches qui constituent la masse du globe, mêlés aux résidus de matières végétales et animales.

Ces matériaux, réunis en diverses proportions selon les circonstances, ont donné lieu aux différentes natures de terre cultivable.

29. Les trois principales sont : les calcaires, les argileuses et les sablonneuses.

30. Les *terres calcaires* sont celles qui contiennent du carbonate de chaux[2] en plus ou moins grande quantité ; leur fertilité dépend de leur composition. Les terrains calcaires sont ordinairement

[1] On appelle *gaz* les corps d'une subtilité analogue à celle de l'air (qui n'est lui-même qu'un mélange de deux gaz). Les émanations des fumiers, la vapeur, les brouillards, sont des gaz.

[2] *Voyez* § 33.

plus fertiles, parce que le carbonate de chaux qu'ils renferment décompose facilement les racines et autres parties organiques de difficile décomposition, pour en former de l'*humus*, ou terre végétale.

On reconnaît qu'un terreau renferme du carbonate de chaux quand, après l'avoir mouillé avec un acide (huile de vitriol, vinaigre, etc.,), il fait effervescence, c'est-à-dire bouillonne avec un léger dégagement de chaleur.

31. Quand les matières calcaires sont en trop grande proportion dans un sol, il devient infertile, surtout sous l'influence des rayons brûlants du soleil. On modifie leur action trop active en mêlant aux sels calcaires des terres argileuses, des marnes grasses, du fumier gros et froid, et en faisant des labours profonds.

32. Les terrains calcaires décomposent rapidement les fumiers; ils se dessèchent facilement et deviennent très-durs après la pluie, sous l'influence des vents. Ils sont propres à la plus grande partie des cultures et notamment à celles de la vigne, du sainfoin et de la luzerne, etc.

33. Le carbonate de chaux, ou pierre à chaux, pierre à bâtir, est un composé d'acide carbonique et de chaux. La chaux décompose promptement

les parties ligneuses *en les corrodant*[1]; aussi est-elle employée efficacement dans les défoncements profonds et récents, ainsi que dans les sols argileux, pour en diviser les molécules et pour les rendre plus actives.

QUESTIONNAIRE

27. Quels sont les agents de la végétation?

28. De quoi est composée la terre cultivable?

29. Quelles sont les principales natures de terres cultivables?

50. Qu'est-ce que les terrains calcaires? Quels sont leurs avantages et comment les reconnait-on?

51. Quels sont leurs dangers et comment les modifie-t-on?

52. Quelle est l'influence du calcaire sur le fumier et sur un sol mouillé, et quelles sont les cultures qui lui conviennent?

55. Qu'est-ce que le carbonate de chaux et quelles sont ses qualités?

PRÉCEPTES MORAUX

Les livres sont à l'âme ce que la nourriture est au corps. (Saint-Évremont.)

Ce qu'on gagne le jour avec la flûte passe la nuit avec le vent.

Tel se croit sage qui est fou.

L'injustice retombe sur celui qui la fait.

Faute avouée est à moitié pardonnée.

Qui peut et n'empéche pèche.

[1] C'est-à-dire en les rongeant.

TERRES ARGILEUSES

34. Les *terres argileuses* sont compactes et ne produisent pas effervescence avec les acides; elles sont douces au toucher, s'attachent promptement à la langue quand elles sont sèches; elles forment à l'état humide une pâte onctueuse[1], qui prend avec facilité toutes sortes de formes. Elles deviennent très-dures et se crevassent par l'effet des chaleurs, pour laisser échapper une faible partie de l'humidité qu'elles renferment toujours en grande quantité.

35. La terre argileuse est un composé de deux substances nommées *aluminium* et *silice;* suivant la proportion plus ou moins grande de ce dernier élément, elle est d'une couleur plus ou moins blanchâtre, et elle prend le nom de *terre froide*, de *terre glaise* et d'*argile grasse,* ou même de *terre de poterie*, lorsque l'aluminium est en proportion beaucoup plus grande.

36. Les terrains argileux sont très-difficiles à cultiver. On modifie leur nature en les mélangeant avec du sable, des terres calcaires, de marnes, des cendres de fourneau, de la chaux et même avec

[1] C'est   :e grasse.

des graviers, s'il y en a à proximité. Les fumiers chauds et pailleux lui conviennent particulièrement, ainsi que les labours profonds, qui doivent être pratiqués avant et pendant les gelées, et qui les assouplissent mieux que n'importe quel travail de l'homme.

Les terres argileuses sont propres à peu de cultures; mais celles qui y viennent donnent des produits supérieurs à ceux des terrains calcaires et sablonneux : entre autres le froment, l'avoine, le trèfle rouge, les vesces. L'argile pure est impropre à la culture.

QUESTIONNAIRE

54. Qu'entend-on par terres argileuses, et quels sont leurs caractères apparents?

35. Quelle est la composition de la terre argileuse, et quelles sont ses diverses dénominations?

36. Comment modifie-t-on les terrains argileux, et à quelles cultures sont-ils propres?

PRÉCEPTES MORAUX

Le malheur est sacré. (Sénèque.)
L'espérance est le dernier bien qui nous reste.
Qui vit sur l'espérance court risque de mourir de faim.
Qui prouve trop ne prouve rien.
L'expérience est mère de la science.
L'homme sage s'instruit par les malheurs d'autrui.
Ne loue ni ne méprise ce que tu ne connais pas.

TERRES SABLONNEUSES

37. Les *terrains sablonneux* ou *siliceux* se distinguent des terres calcaires en ce que leurs molécules (petites parties) sont graveleuses, rudes au toucher, ne se lient pas entre elles, et se précipitent promptement au fond de l'eau.

38. La *silice* est un composé d'oxygène[1] et de silicium ; les pierres à fusil, ou *silex,* sont de la silice pure, ainsi que les cailloux qui font feu sous le pied des chevaux.

39. Cette qualité de terrain est plus mauvaise que les terrains calcaires et argileux. L'eau s'infiltre dans le sol et s'évapore promptement. Elle est d'autant plus sujette à la sécheresse, que les molécules de ce sol ont la propriété de s'échauffer rapidement et de conserver leur calorique. Les vents impétueux soulèvent cette terre et déchaussent les plantes ; en outre, la pluie lave le sol et fait pénétrer les engrais à des profondeurs où les racines n'arrivent que très-rarement.

[1] Nom d'un des deux gaz qui composent l'air et l'eau, et qui s'allie, se combine, plus ou moins facilement, avec la plupart des corps.

40. Pour obvier à ces inconvénients, mieux vaut ne faire que des labours profonds, où l'humidité ira se loger pour les besoins de l'été ; il convient même de choisir le moment où la terre est mouillée, pour que les molécules se lient et se tassent entre elles, afin d'éviter de les mettre à la merci des orages. Les fumiers gras et froids, ainsi que le mélange de l'argile, sont les meilleurs moyens de modifier ces sortes de terrains ingrats.

41. C'est par le mélange de ces trois sortes de terre que se forment les terres arables [1] propres à toutes les cultures, et qu'on peut diviser en *terrains légers, terrains de moyenne consistance, terrains forts*. Leur fertilité relative est néanmoins basée sur la proportion de *principes minéraux* et la quantité d'*humus* qu'elles renferment.

42. Les terrains agricoles et les engrais, en général, contiennent des matières *organiques* et des matières *inorganiques*. On désigne sous le nom d'*organiques* celles qui appartiennent aux règnes animal et végétal, c'est-à-dire aux corps qui sont doués d'organes ; et sous celui d'*inorganiques* celles qui font partie du règne minéral, qui n'a pas d'organes.

---

[1] C'est-à-dire cultivables.

37. Qu'entend-on par terrains sablonneux ?

38. Qu'est-ce que la silice ?

39. Quels sont les inconvénients des terres siliceuses ?

40. Comment obvie-t-on aux inconvénients des terres sablonneuses ?

41. Avec quels éléments se forment les terres arables, et comment les établit-on ?

42. Qu'est-ce qu'un corps organique et un corps inorganique ?

PRÉCEPTES MORAUX

Il n'y a point de paix pour les méchants. (Isaïe.)

La gloire, qui dîne de l'orgueil, fait son souper du mépris.

Un bon ouvrier ne reste jamais sans rien faire.

Méchant accommodement vaut mieux que le meilleur procès.

Si tu veux vivre en paix, vois, écoute et te tais.

Le paresseux est toujours pauvre.

On ne peut manger à deux râteliers à la fois.

HUMUS, TOURBE ET TERREAU

DE LEUR COMPOSITION ET DE LEURS EFFETS

43. L'humus constitue la majeure partie de la fertilité du sol ; il est l'extrait, la partie soluble[1] et

---

[1] C'est-à-dire qui peut se fondre dans un liquide, comme le sel.

assimilable[1] du terreau ou des débris végétaux et animaux décomposés, et mêlés à des matières minérales dissoutes.

44. La *tourbe* est un amas de ramilles et de débris végétaux qui auraient été transformés en humus si l'air avait pu les pénétrer et les user plus promptement. Il est des tourbes composées d'une quantité si grande de racines et de plantes aquatiques, que, soulevées et séchées, elles brûlent comme les *lignites* (sorte de charbon de terre).

45. Les terrains tourbeux sont de couleur noirâtre et très-peu productifs. Pour les rendre propres à la culture, on les défonce, on les expose à l'air, on les mêle à la chaux, qui est l'alcali le plus corrosif employé en agriculture; mais mieux vaut encore *écobuer* (brûler). (Voir *Écobuage*.)

46. Le terreau est une substance brune, noirâtre, et parfois tirant sur le jaune, suivant la qualité des parties minérales qu'il contient et la nature du sol. Il est formé de matières végétales et animales modifiées et fermentées.

---

[1] Tous les êtres organisés transforment en leur propre substance les matières dont ils se nourrissent; c'est ce qui s'appelle l'*assimilation*. La partie *assimilable* du terreau est donc celle que pompera la plante, dont elle se nourrira et qu'elle transformera en sa propre substance.

43. Quelle est la composition de l'humus?

44. Qu'est-ce que la tourbe et sa composition?

45. Comment emploie-t-on la tourbe en agriculture?

46. Quelle est la composition du terreau, et quels sont ses effets?

PRÉCEPTES MORAUX

La vie des menteurs est sans honneur, et leur honte les accompagne toujours. (Ecclésiaste.)

La patience est un remède à tous maux.

La patience qu'on pousse à bout devient fureur.

Nul n'est prophète dans son pays.

Tout ce qui est violent n'est pas durable.

Qui a la langue longue aura les mains courtes.

L'orgueil amène l'écrasement.

ACTION ET PROPRIÉTÉS PHYSIQUES DU SOUS-SOL

47. Le *sous-sol* est la couche qui se trouve au-dessous de la terre franche; il est souvent imperméable [1]. Dans les contrées méridionales, on rencontre notamment des couches inférieures plus ou moins profondes : les unes sont calcaires ; d'autres, caillouteuses et sont appelées *pouddingues* ; d'autres enfin offrent une substance sèche, blanchâtre,

---

[1] C'est-à-dire impénétrable à l'eau.

tenant de la nature de la pierre et de celle de la terre, et nommée *tuf*.

Les *dunes*, ou couches de sable susceptibles d'être transportées par les vents, ont aussi quelquefois des sous-sols imperméables. Les landes de Bordeaux ont une couche non perméable et d'une nature particulière, appelée *alios*.

48. Les sous-sols de même nature que le sol sont, en général, nuisibles, tandis qu'il est avantageux qu'ils soient de nature différente.

49. Les sous-sols de nature différente de celle du sol sont la plupart du temps favorables à la végétation, mais à la condition qu'en opérant le mélange on le fera convenablement. Un terrain léger, qui a un sous-sol argileux, peut être modifié par un labour profond et un mélange convenable de ces deux natures de terres. Il en est de même d'un *sur-sol* argileux qui aurait un *sous-sol* sablonneux. Ce sont les meilleurs moyens et les plus économiques pour amender un terrain.

QUESTIONNAIRE

47. Qu'est-ce que le sous-sol, le poudingue et le tuf? Qu'appelle-t-on dunes et alios?
48. Quelles sont les qualités nuisibles des sous-sols?
49. Quelles en sont les qualités avantageuses?

PRÉCEPTES MORAUX

La santé et la bonne disposition valent mieux que tout
l'or du monde (Salomon).
Qui mal veut, mal lui arrive.
Bon vin n'a pas besoin d'enseigne.
Il ne faut pas donner des brebis à garder au loup.
On ne peut ménager la chèvre et le chou.
Le visage est le miroir de l'âme.
Le plaisir court après ceux qui le fuient.

DE L'EAU, DE LA PLUIE, DES BROUILLARDS,

DE LA NEIGE, DE LA GRÊLE, DE LA ROSÉE, DE LA GELÉE BLANCHE, DE LA GELÉE, ET DE LEURS EFFETS SUR LA VÉGÉTATION

50. L'*eau* est un composé de deux gaz : l'oxygène et l'hydrogène : c'est l'élément le plus indispensable à la végétation. La chaleur la transforme en vapeur, et, sous cette forme, elle reste suspendue dans l'air.

51. Les *brouillards* sont occasionnés par un concours de circonstances favorables au soulèvement d'une grande quantité de molécules aqueuses qui se vaporisent rapidement, tout en restant dans les couches inférieures de l'atmosphère, dont ils troublent la transparence. Les brouillards sont très-fréquents dans les lieux bas, humides, marécageux et sillonnés de cours d'eau.

52. Les *nuages* ne sont autre chose que des brouillards qui occupent les parties supérieures de l'atmosphère. Sous l'action des vents ou du refroidissement de la température, les molécules qui les composent se condensent, c'est-à-dire se resserrent, quittent l'état de vapeur pour reprendre celui d'eau, et deviennent des gouttelettes qui, ne pouvant plus rester suspendues dans l'air, tombent plus ou moins vite, en s'agglomérant les unes aux autres, et forment la *pluie*.

53. La *neige* est formée par un refroidissement dans l'atmosphère, assez subit pour ne pas donner le temps aux vapeurs de se réunir en gouttelettes. Quand la neige reste longtemps sur la terre, elle préserve les plantes des gelées rigoureuses et fait périr les insectes nuisibles, en même temps qu'elle empêche, au profit des plantes, l'évaporation des gaz nourriciers qui se trouvent dans le sol.

54. La *grêle* est formée par les mêmes circonstances atmosphériques que la neige ; seulement, lorsque les vapeurs ont le temps de se réunir en gouttes avant de rencontrer un courant d'air très-froid, elles tombent à l'état de grêle, dont la chute occasionne des désastres sur toutes les récoltes sur pied.

55. La *rosée* est cette réunion de petites gouttes

d'eau qui se fixent le matin sur les plantes avant le lever du soleil. Elle est produite par deux causes : le refroidissement de l'air d'un part, et, de l'autre, l'exsudation[1] des plantes.

56. *Gelées blanches.* Quand le refroidissement de l'air, de la terre et des plantes pendant la nuit, et *surtout avant l'aurore,* est trop fort, la rosée se prend en petits glaçons très-menus et très-rapprochés les uns des autres, et forme alors ce qu'on nomme les gelées blanches. Ces gelées blanches sont surtout pernicieuses quand, avec un temps calme, les rayons du soleil les pompent sur des plantes en végétation.

57. *Gelée.* Par un froid très-vif, l'eau se solidifie et se présente sous la forme de *glace.* Pour passer à cet état, l'eau augmente de volume, ce qui explique le soulèvement des terres pendant la gelée, et leur abaissement après le dégel. L'eau, à l'état de glace, exerce, du centre à la circonférence d'un bloc de terre, une pression latérale[2] qui en sépare les particules. C'est par suite de cet effet que les gelées divisent, émiettent et assouplissent le sol beaucoup mieux que n'importe quelle façon de la main de l'homme.

[1] Transpiration abondante.
[2] C'est-à-dire sur le côté.

Principes d'agriculture. 4

QUESTIONNAIRE

50. Quelle est la composition de l'eau et son utilité sur la végétation ?

51. Quelles sont les circonstances qui concourent à la formation des brouillards ?

52. Comment se forme la pluie ?

53. Comment se forme la neige ? Quels sont ses avantages ?

54. Comment se forme la grêle ?

55. Quelle est la cause de la rosée ?

56. Comment se forme la gelée blanche ? Quel est son effet sur la végétation ?

57. Quelle est la cause de la gelée ? Quels sont ses effets sur la terre ?

PRÉCEPTES MORAUX

La félicité du monde demande deux choses : pouvoir ce
qu'on veut, vouloir ce qu'il faut. (Saint Augustin.)
Il n'y a pas de sots métiers, il n'y a que de sottes gens.
Chacun se plaint de son métier.
Il ne faut pas attendre la soif pour tirer l'eau du puits.
Il ne faut qu'une légère étincelle pour causer un incendie.
Ouvre ta porte au bon jour, et prépare-toi au mauvais.
Si tu achètes ce qui est superflu pour toi, tu ne tarderas
pas à vendre ce qui t'est nécessaire.

———

DU CALORIQUE, DE LA LUMIÈRE, DE L'AIR

ET SES COMPOSANTS

58. Le *calorique*, ou le principe de la chaleur, est l'agent qui liquéfie les substances solides, qui vaporise les liquides et qui entretient la vie des animaux et des plantes. Le calorique, en pénétrant les corps, tend à les dilater, c'est-à-dire à en écarter les molécules, et, sous ce rapport, il augmente la faculté d'absorption[1] des terres.

59. La *lumière*. On donne le nom de lumière à cette clarté qui vient naturellement du soleil et des étoiles, et artificiellement des corps qui brûlent. La lumière active essentiellement les fonctions vitales des plantes.

60. L'*air*. Les plantes vivent dans la terre et dans l'air, qui est aussi indispensable à la vie des plantes qu'à celle des animaux.

L'air atmosphérique est un composé de deux gaz : l'oxygène et l'azote. Il contient presque toujours une certaine quantité de deux autres gaz : l'acide carbonique et le gaz ammoniac.

---

[1] *Absorption*, action d'absorber, d'engloutir, de se laisser pénétrer. Exemple : *Les sables absorbent la pluie.*

58. Qu'est-ce que le calorique, et à quoi sert-il ?

59. D'où nous arrive la lumière, et quelle est son action ?

60. Qu'est-ce que l'air ? Son utilité et sa composition.

PRÉCEPTES MORAUX

Celui qui ne gouverne pas sa maison avec ordre ne possédera point. (Salomon.)

Pour un plaisir, mille douleurs.

Maison de paille où l'on rit vaut mieux que palais où l'on pleure.

On connaît le bien quand on l'a perdu.

A paroles folles, oreilles sourdes.

La douce parole adoucit la colère, et la rude l'aigrit.

La rouille use plus que le travail.

La paresse engendre les soucis.

AMÉLIORATION DES TERRES

—

Défrichements, défoncements, assainissement, drainage, épierrements

61. On ne doit pas confondre l'amélioration des terres avec leur bonification : on améliore un terrain en corrigeant ses vices au moyen des défrichements, des défoncements, des assainissements et des épierrements ; on le bonifie par des amendements.

62. On opère les *défrichements* sur des terres in-cultes, sur des fonds sans rendement, des marécages, des landes et des bruyères, qui, abandonnés sans culture pendant un certain laps de temps, finissent par se couvrir de plantes sans valeur.

63. *Défoncement*. Un sol est défoncé : 1° pour augmenter la couche végétale ; 2° pour mélanger la couche supérieure avec un sous-sol de nature différente ; 3° pour renouveler une couche arable épuisée ou gâtée par des labours hors de saison.

On défonce à la bèche ou au moyen de deux charrues passant toutes les deux dans le même sillon.

64. Les moyens d'*assainissement* les plus ordi-naires sont des fossés pratiqués autour des terres, dans lesquels se rendent les eaux pluviales au moyen de rigoles d'écoulement. On assainit d'une manière complète par le drainage.

65. Le *drainage* est le mode d'assainissement le plus complet et le plus perfectionné. Il consiste dans un ensemble de tranchées souterraines de 1^m à $1^m,20$ de profondeur, inclinées dans le sens de la pente du sol, et au fond desquelles on place bout à bout des tuyaux de terre cuite d'une lon-gueur de $0^m,33$, et d'un diamètre intérieur de $0^m,020$ à $0^m,035$. L'eau s'introduit dans ces con-

duits par la jointure des tuyaux, et se rend dans un fossé d'écoulement placé à l'extrémité inférieure de la terre.

66. L'*épierrement* consiste à enlever les pierres d'un sol. Cette opération n'est utile que sur les sols qui contiennent une trop grande abondance de pierres.

QUESTIONNAIRE

61. Qu'entend-on par amélioration des terres?

62. Dans quelles conditions s'opèrent les défrichements?

63. Dans quel but fait-on les défoncements, et par quels moyens?

64. Quels sont les moyens d'assainissement?

65. Qu'est-ce que le drainage?

66. Qu'entend-on par épierrement?

PRÉCEPTES MORAUX

Applique-toi à la lecture, à l'exhortation, à l'instruction.
    (Saint Paul.)

Souvent trop de zèle gâte tout.

Une affaire maniée avec peu de bruit se fait avec plus de fruit.

Dis-moi qui tu hantes, je te dirai qui tu es.

Hante les bons, et tu seras bon.

Une brebis galeuse gâte tout le troupeau.

Quiconque fera bien trouvera bien.

AMENDEMENTS DES TERRES

—

Engrais minéraux, naturels et inorganiques

67. On donne le nom d'*amendements* à divers corps qui, par leur nature opposée à la nature du sol auquel on les applique, tendent à améliorer ses qualités physiques, soit en l'ameublissant (c'est-à-dire en le rendant plus léger), soit en le rendant plus compacte (c'est-à-dire plus fort), soit en lui restituant des éléments susceptibles d'augmenter ses forces physiques.

68. On les divise : 1° en amendements naturels et bonifiants; 2° en amendements modifiants; 3° en amendements stimulants.

69. Les *amendements naturels et bonifiants* sont l'air, la pluie, la rosée, la gelée blanche, la neige et la glace; à eux seuls, ils modifient et bonifient le sol, mais non pas assez pour répondre aux besoins de la consommation.

70. Les *amendements modifiants* sont l'argile, le sable, le gravier, les cailloux, etc. Les terrains argileux et compactes sont avantageusement modifiés par un mélange convenable de sable, de gravier ou de terre calcaire.

71. Les terrains sablonneux, calcaires ou trop légers, auxquels on ajoute de l'argile, acquièrent la propriété de retenir plus longtemps l'humidité ainsi que les parties fécondantes des engrais, si salutaires à la végétation.

72. Les *amendements stimulants* sont la plupart minéraux, très-actifs et souvent peu convenables dans les contrées du Midi. Nous les diviserons en deux classes : dans la première seront ceux qui peuvent être favorables aux cultures des contrées méridionales ; dans la seconde sont ceux qui, dans la plupart des cas, ne leur sont pas favorables.

73. Les amendements stimulants qui peuvent être favorables dans le Midi sont : le plâtre, les charrées (cendres qui ont servi pour les lessives), la boue, les cendres de charbon et de tourbe et les plâtras.

74. Les amendements stimulants peu favorables aux cultures du Midi sont : la chaux, l'eau ammoniacale, les résidus des usines à gaz, le sel marin (sel de cuisine), la marne très-chargée de calcaire, le soufre, et autres minéraux qui contiennent de fortes proportions d'alcali ou d'acides divers.

QUESTIONNAIRE

67. Qu'entend-on par amender une terre ?
68. Comment divise-t-on les amendements ?

69. Quels sont les amendements naturels et bonifiants?

70. Quels sont les amendements modifiants et comment modifie-t-on les terrains argileux?

71. Comment modifie-t-on les terrains sablonneux calcaires?

72. Quels sont les amendements stimulants?

73. Quels sont les amendements stimulants convenables aux contrées du Midi?

74. Quels sont les amendements non favorables aux contrées du Midi?

PRÉCEPTES MORAUX

Le rire est une insulte au malheur. (Sénèque.)
Un bon ouvrier se sert de toutes sortes d'outils.
Un mauvais ouvrier ne saurait trouver de bons outils.
Pour commander, il faut savoir obéir.
Quelque part qu'on aille, c'est toujours le même soleil.
On a toujours plus de bien que de vie.
Le bonheur est dans la médiocrité.

ENGRAIS

75. On donne le nom d'engrais aux substances végétales et animales qui, arrivées à un état de fermentation et de décomposition convenable, suppléent, par leur mélange dans le sol, à l'insuffisance des principes nourriciers que les plantes ont besoin d'y trouver.

76. On range sous la dénomination d'engrais, non-seulement toutes les matières organiques, c'est-à-dire celles qui appartiennent aux corps ayant des organes, comme les animaux et les végétaux, mais les substances inorganiques, c'est-à-dire sans organes, comme les matières minérales naturelles et artificielles.

77. Les *engrais organiques* peuvent être divisés en deux classes : les engrais organiques *naturels* et les engrais organiques *artificiels*.

78. Dans la première classe sont compris les excréments et les urines de l'homme, du cheval, du bœuf, du porc, du mouton, et leurs composés : le fumier de ferme, le purin, les excréments des oiseaux de basse-cour, le guano, le sang des animaux, l'engrais vert.

79. Dans la deuxième classe sont compris les os, la chair des abattoirs, les tourteaux, les chiffons de laine, les plumes, les chrysalides de vers à soie, les débris de raffinerie, les résidus de garancine (noir de garance), le noir animal, l'engrais Jauffret.

QUESTIONNAIRE

75. Qu'entend-on par engrais?

76. Quelle différence y a-t-il entre un engrais organique et un engrais inorganique?

77. Comment se divisent les engrais organiques?
78. Quels sont les engrais organiques naturels?
79. Quels sont les engrais organiques artificiels?

PRÉCEPTES MORAUX

*Peu avec la justice vaut mieux que de grands biens avec
l'iniquité. (Salomon.)*
Le meilleur est l'ennemi du bon.
*Dans les affaires du monde, ce n'est pas la foi qui perd,
c'est de ne pas en avoir.*
Il y a bien peu de chagrins raisonnables.
L'œil du maître fait plus que ses deux mains.
Une conscience pure est la meilleure loi.
Cherche le bien, attends le mal.

FUMIERS ET COMPOSTS

80. Les *fumiers,* vulgairement appelés *fumiers
de litière,* sont composés de paille de blé, de seigle
ou d'autres végétaux qui servent de litière aux animaux, absorbent leur urine et se mêlent à leurs
excréments.

81. Les fumiers frais et pailleux sont préférables
dans les terres argileuses : ils en divisent les molécules; tandis que les fumiers décomposés gros et
onctueux rendent les terrains légers moins préférables.

82. Parmi les animaux domestiques, les pigeons

et les volailles de basse-cour ont le fumier le plus actif; viennent ensuite ceux des lapins, moutons, chèvres, chevaux, bœufs et porcs.

83. Quand le terrain est froid, humide ou argileux, les fumiers les plus chauds sont les meilleurs; tandis que, sur un terrain léger, calcaire et chaud, les fumiers les moins chauds sont préférables.

84. Plus un engrais animal est chaud, plus il réclame d'être employé en hiver.

85. Les fumiers employés superficiellement sont d'un emploi supérieur dans les contrées méridionales; ils transmettent leur partie fécondante par les eaux pluviales, maintiennent le terrain frais, évitent les croûtes et les fentes et protégent les jeunes plantes contre l'ardeur des rayons solaires et contre la violence des vents.

86. Aucun débris animal ou végétal ne doit être sans emploi en agriculture; ceux qui sont d'une décomposition difficile et qui ne peuvent servir de litières, ou être ajoutés au fumier, doivent être livrés aux composts.

87. Les *composts* sont faits avec des résidus de toute nature : plantes fraîches et sèches, balayures de basse-cour, débris de gazon, curures de fossé, cendres, eaux bourbeuses, et eaux grasses qui ne

peuvent être consommées par les animaux. Les composts sont préférablement employés pour fumer les prairies.

80. Quelle est la composition des fumiers de litière?

81. Quels sont les fumiers qui conviennent aux terrains argileux?

82. Quels sont les fumiers les plus actifs?

83. Quels sont les fumiers qui conviennent le mieux aux terrains argileux et aux terrains sablonneux?

84. A quelle époque faut-il employer les fumiers chauds?

85. Les fumiers employés superficiellement conviennent-ils aux cultures du Midi?

86. Tous les débris peuvent-ils être employés en agriculture?

87. Qu'est-ce que les composts, et à quoi les emploie-t-on de préférence?

PRÉCEPTES MORAUX

*Les effets de l'ivresse sont toujours funestes: il n'est point
de poison qui tue plus certainement que les liqueurs
fortes.* (Buchanan.)

*Rendez à César ce qui appartient à César, et à Dieu ce qui
appartient à Dieu.*

Pour vivre longtemps, il faut être vieux de bonne heure.

Fais-toi de miel, les mouches te mangeront.

*L'instruction est l'ornement du riche et la richesse du
pauvre.*

A indiscret parleur, discret auditeur.

Mauvaise accoutumance se quitte bien tard.

JACHÈRES ET ASSOLEMENTS

88. Les *jachères* consistent à laisser pendant un an la terre sans culture, et à multiplier pendant ce laps de temps les labours et les hersages ; à remuer le sol toutes les fois que les plantes adventices (mauvaises herbes) commencent à pousser, et avant les gelées et les grandes chaleurs, qui, toutes deux, divisent les molécules du sol.

89. Les *demi-jachères* consistent à laisser reposer la terre pendant l'automne et l'hiver, et à ne faire les cultures qu'au printemps, ce qui permet de faire deux labours d'ameublissement, un en automne et un en hiver.

90. On entend par *assolement* une succession de cultures qui alternent et qui se nuisent entre elles le moins possible, afin qu'on tire du sol le plus de produits, aux conditions les plus économiques et les plus améliorantes pour le sol.

91. Assoler, c'est diviser le terrain d'un domaine en diverses *soles*, c'est-à-dire en diverses parties, et affecter chacune d'elles à une succession ou *rotation* de cultures de plantes différentes.

92. Par *rotation*, on entend le laps de temps qui

s'écoule avant le retour de la même plante sur la même sole ; elle indique donc la manière et l'ordre dans lesquels différentes cultures doivent se succéder.

Exemple d'un domaine de quatre hectares divisé en quatre parties, soit quatre soles

ROTATION DE QUATRE ANS.	DIVISIONS OU SOLES	1861.	1862.	1863.	1864.
	N° 1.	Pommes de terre ou autres cultures sarclées et fumées.	Blé.	Vesce.	Avoine.
	N° 2.	Blé.	Vesce.	Avoine.	Pommes de terre ou autres cultures sarclées et fumées.
	N° 3.	Vesce.	Avoine.	Pommes de terre ou autres cultures sarclées et fumées.	Blé.
	N° 4.	Avoine.	Pommes de terre ou autres cultures sarclées et fumées.	Blé.	Vesce.

93. On entend par cultures *sarclées* celles où l'on enlève avec soin, soit à la main, soit au moyen d'une houette, les mauvaises herbes qui s'y sont établies.

94. Les cultures sarclées réclament beaucoup
d'engrais et deux bons labours avant les semailles;
les plantes qui sont le plus habituellement sou-
mises aux sarclages et, par conséquent, aux binages, sont les pommes de terre, les betteraves,
les carottes, les haricots, les colzas, les garances,
les pois, les fèves, etc.

95. On entend par *biner* soulever la terre avec
une pioche, une binette ou une houe, pour détruire
les plantes nuisibles, et disposer le sol à mieux conserver sa fraîcheur et à s'emparer plus facilement
des bonifications de l'air.

QUESTIONNAIRE

88. Qu'est-ce qu'on nomme jachère, et quels sont ses
effets?

89. Qu'entend-on par demi-jachère?

90. Qu'est-ce qu'on entend par assolement?

91. Quels sont les effets des assolements?

92. Qu'entend-on par rotation?

93. Qu'est-ce que les cultures sarclées?

94. Quelles sont les conditions exigées pour la culture
des plantes sarclées?

95. Qu'entend-on par binage?

PRÉCEPTES MORAUX

Les connaissances rendent les hommes doux. (Montesquieu.)
Qui ne doute de rien ne sait rien.
Les petits ruisseaux font les grandes rivières.
Est assez riche qui ne doit rien.
Délibérez lentement, exécutez promptement.
La critique est aisée et l'art est difficile.
Il faut compter tous les jours avec soi-même.

Principes d'agriculture. 5

DEUXIÈME PARTIE

—

PRATIQUE DE L'AGRICULTURE

INSTRUMENTS, MACHINES ET OUTILS

96. Les instruments usités en agriculture se divisent en deux espèces: 1° ceux qui réclament dans leur emploi la main de l'homme seulement; 2° ceux qui réclament la main de l'homme et en même temps le concours des animaux. Nous parlerons en premier lieu de ces derniers, vu leur importance en agriculture; sans la charrue, l'homme n'aurait pas pu suffire à tous les besoins sociaux.

Charrue et autres instruments à attelage

97. La charrue moderne, qui a été ensuite per-

fectionnée par Mathieu de Dombasle[1], est aujour-
d'hui la plus usitée (fig. 5).

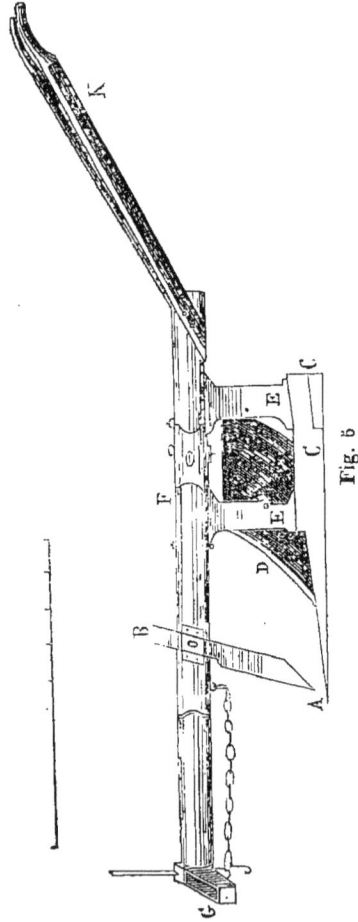

Fig. 5

[1] Prononcez *Dombâle*.

La charrue Dombasle se compose de huit parties :
A , le soc ; B , le coutre ou couteau ; C , le sep en
fonte, avec son talon *C* à l'arrière ; D , le versoir
ou oreille ; EE , les étançons ; F , l'age ou flèche ;
G , le régulateur, et K , les mancherons.

98. Le *coutre* ou *couteau,* B , est une espèce de
long couteau qui tranche verticalement la bande de
terre à enlever, et sépare de la partie du sol non
labouré la bande que le soc coupe en dessous.

99. Le *soc,* A , tranche horizontalement la bande
de terre et la sépare ainsi des couches inférieures ;
la pointe doit être en acier et le corps en fonte.

100. Le *versoir* ou *oreille,* D , sert à soulever et
renverser la bande de terre coupée perpendiculairement par le coutre et horizontalement par le soc.
Les versoirs évasés contournés exigent moins de
tirage et renversent mieux la terre que les versoirs
droits.

101. Le *régulateur,* G , a pour fonction de régler
l'entrure de la charrue et de déterminer la largeur
et la profondeur du sillon. La charrue prend plus
de terre quand on relève le point de tirage[1], et moins
quand on l'abaisse.

[1] Partie à laquelle on fixe le crochet adhérent au palonnier ou
aux traits.

102. Le *sep* ou *semelle* en fonte, C, avec son talon C, est la base de la charrue. Il glisse sur la terre, et il éprouve d'autant plus de frottement qu'il est plus long ; mais il a, dans ce cas, plus d'aplomb. C'est à l'avant du *cep* qu'est placé le *soc*.

103. Les *étançons* ou *montants,* EE, relient l'age sur le sep ; l'étançon antérieur prend aussi le nom de *gendarme*. Il sert d'appui à la partie antérieure du versoir.

104. L'*age* ou *flèche,* F, est destiné à communiquer le mouvement à la machine entière. C'est sur lui que sont fixées toutes les autres pièces ; sa partie antérieure est parallèle au soc.

105. Les *mancherons* ou *manches,* K, servent à diriger la charrue. En pressant sur les mancherons, on pèse sur l'arrière du sep et l'on empêche ainsi la pointe du soc de trop s'enfoncer dans la terre, tandis qu'en les soulevant on évite que le soc ne sorte de terre.

106. Le *coutre* et le *soc,* qui sont les outils élémentaires de la division du sol, le premier en l'ouvrant verticalement, le second en le coupant horizontalement en tranche, ont donné lieu à deux catégories d'instruments.

107. Ceux qui dérivent du coutre sont destinés

à trancher, à pénétrer verticalement dans la terre ;
tels sont les herses, les scarificateurs, les râteaux,
etc.; et ceux qui dérivent du soc sont appelés à
pénétrer dans le sol à 0^m,10 ou 0^m,12, à le soulever, à le diviser sans le retourner : tels sont les
extirpateurs, les houes à cheval, etc.

108. Le *scarificateur* pénètre le sol de 0^m,05
à 0^m,10, suivant la force des bêtes et la longueur
des traits; il déchire et ameublit la terre. Son emploi le plus important est sur les chaumes, après les
moissons.

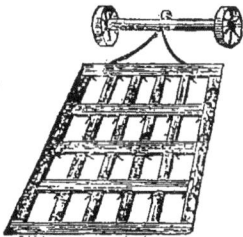 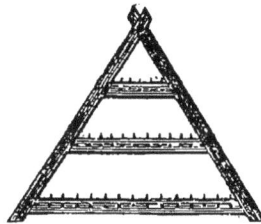

Fig. 6   Fig. 7

109. La *herse* (figr. 6 et 7) est d'un usage plus
fréquent : elle est destinée aussi à donner un labour
léger à la terre, à ameublir et à aplanir la surface
du terrain et à couvrir les semences. La plus usitée
est la herse inventée par M. Valcourt.

110. Il existe aussi des herses *articulées* et des
herses *concaves* pour les terres dont la surface n'est

pas unie. Les herses *articulées* sont celles dont les parties, au lieu de former un ensemble raide, se relient par des *articulations*, comme les phalanges du doigt ou les auges d'un noria. Les herses *concaves* sont courbées en forme de demi-sphère. Celles qui sont articulées sont en fer et répondent à tous les besoins. On en relie deux ou trois ensemble si le besoin l'exige, au moyen d'un palonnier.

111. Les instruments qui dérivent du soc sont les extirpateurs, les houes à cheval, les râtissoires à cheval, etc.

112. Les *extirpateurs* coupent la terre horizontalement, au moyen de trois à six petits socs en forme de patte d'oie. On les emploie pour arracher les herbes parasites, pour briser les mottes et pour mélanger les particules du sol.

113. La houe à cheval est un extirpateur léger, à trois ou cinq petits socs mobiles, destinés à sarcler et à travailler entre les lignes des plantes et à les débarrasser des mauvaises herbes.

114. Il existe un grand nombre d'autres charrues et instruments dont l'emploi n'est pas aussi fréquent et dont la reproduction n'est pas réclamée pour les notions élémentaires. Il en sera parlé aux *Cultures diverses.*

QUESTIONNAIRE

96. Comment se divisent les instruments d'agriculture ?

97. De cómbien de parties est composée la charrue Dombasle?

98. Qu'est-ce que le coutre et quel est son emploi?

99. Qu'est-ce que le soc et quel est son emploi?

100. Qu'est-ce que le versoir et quel est son emploi?

101. Quel est l'emploi du régulateur?

102. Quel est l'emploi du sep?

103. Quel est l'usage des étançons?

104. Quel est l'emploi de l'age?

105. Quel est l'usage des mancherons?

106. En combien de catégories se divisent les instruments qui dérivent du coutre et du soc?

107. Quels sont les instruments qui dérivent du coutre et du soc?

108. Qu'est-ce que le scarificateur?

109. Qu'est-ce que la herse?

110. Qu'est-ce que la herse articulée et la herse concave?

111. Quels sont les instruments qui dérivent du soc?

112. Qu'est-ce qu'un extirpateur?

113. Qu'est-ce qu'une houe à cheval?

114. Existe-t-il d'autres charrues et instruments agricoles?

PRÉCEPTES MORAUX

L'avenir de l'enfant est toujours l'œuvre de sa mère.
(Napoléon.)

Il n'y a pas de profit sans peine.

Il n'y a pas de roses sans épines.
Nul ne peut servir deux maîtres.
Quand on est bien, il faut s'y tenir.
Il n'y a qu'heureux et malheureux dans le monde.
Celui-là est riche qui est content.

Instruments à main

115. Les instruments à main les plus utiles et les plus souvent employés en agriculture sont de deux sortes : les uns, au moyen desquels l'homme se sert de son pied pour détacher la terre et de ses bras pour la relever ; et les autres, qui réclament uniquement la force des bras pour les soulever et leur imprimer une grande vitesse.

116. Dans la première sorte se trouvent les *bêches*, les *fourches* et les *pelles* ; dans la seconde, les *houes*, les *pics*, les *serfouettes*, les *binettes*, etc.

Fig. 8

117. Les *bêches* (fig. 8) sont différentes de forme, de force et de largeur, suivant les usages du pays et la nature du sol. Elles sont en fer tranchant par la partie inférieure, ayant un manche en bois d'une

longueur convenable pour être saisi par la main du travailleur.

Fig. 9

118. La *fourche à deux ou à trois dents* (fig. 9) est employée pour défoncer les terrains pierreux. Les pointes évitent et déplacent les obstacles que le tranchement de la bêche n'aurait pu surmonter ; elle pénètre plus profondément que la bêche et elle exige moins de force.

Fig. 10

119. La *pelle* (fig. 10) est une modification de la bêche. Sa forme est très-variée, suivant l'usage qu'on en veut faire ; elle est destinée à pénétrer dans les terrains ameublis et dans les terrains caillouteux, mais plutôt pour les déblayer que pour les travailler.

Fig. 11

120. La *houe à bras* agit par un mouvement

d'élévation des bras et dans une direction opposée
à celle de la marche du travailleur, qui tire la terre
à lui et laisse son travail en arrière. Il y en a de plusieurs forces et longueurs.

Fig. 12

121. La *pioche* (fig. 12) est une sorte de houe
rétrécie et quelquefois aiguë ou à deux dents. Elle
est appelée aux mêmes fonctions que la houe, dans
des terrains durs et très-compactes, sur lesquels cette
dernière aurait peu d'action.

Fig 13

122. Le *pic* (fig. 13) est destiné à opérer dans
les sols cailouteux et durs, où l'emploi de la houe
et de la bêche est insuffisant. Il y en a à une seule
dent et à deux dents.

Fig. 14

123. La *binette* et la *serfouette* sont des espèces

de houes destinées à détruire les mauvaises herbes, à éclaircir les plantes et à briser le sol. La binette et une herse de petite dimension.

Fig. 15

La serfouette (fiig 15)porte d'un côté des dents, et de l'autre un fer aplati dans le genre de la binette.

QUESTIONNAIRE

115. Comment divise-t-on les instruments à main les plus utiles?

116. Dans quelle catégorie se trouvent classées les fourches, les houes, etc.

117. Quelle est la forme de la bêche?

118. Quel est l'emploi de la fourche?

119. Qu'est-ce que la pelle, et quel estson emploi?

120. Comment agit la houe sur le sol?

121. Quelles sont les fonctions de la pioche?

122. Qu'est-ce que le pic?

123. Qu'entend-on par binette et par serfouette?

PRÉCEPTES MORAUX

Formez l'enfant à l'entrée de sa voie, car il ne s'en éloignera pas, même dans sa vieillesse. (Salomon.)

On connaît l'homme par ses actions.
Mieux vaut ne rien faire que faire vite.
On a beau prêcher qui n'a soin de bien faire.
Qui veut entretenir son ami n'ait nulle affaire avec lui.
La plaisanterie amère est le poison de l'amitié.
Donner pour Dieu n'appauvrit l'homme.
Vous aimerez Dieu de tout votre cœur, et votre prochain
comme vous-même. (Jésus-Christ.)

LABOURS

124. Les *labours* s'effectuent de deux manières, savoir : à la main au moyen de la bêche, ou à l'aide de la charrue.

125. Les labours ont quatre buts principaux :

1° De diviser, ameublir la terre, pour la rendre plus perméable à l'air et plus facilement accessible aux racines des plantes ;

2° D'exposer la plus grande surface possible de terre aux influences salutaires de l'air ;

3° De procurer aux plantes des réservoirs d'humidité et d'air ;

4° De détruire les mauvaises herbes.

126. Les *labours à la bêche* sont les meilleurs : ils divisent mieux la terre, ils la laissent très-régulière ; mais ils sont beaucoup plus coûteux et ne sauraient suffire aux besoins sociaux.

127. Les *labours ordinaires* sont de 0^m,30 à 0^m,35 de profondeur ; les plantes *fourragères* et *textiles*[1] y prospèrent.

Les *labours superficiels* sont de 0^m,16 à 0^m,20 ; ils peuvent suffire aux *céréales* et aux plantes dont les racines ne s'étendent qu'à la surface.

Les *labours profonds* sont de 0^m,40 à 0^m,50 ; ils sont indispensables aux cultures des plantes *pivotantes*[2] ou à *longues racines*, telles que les *betteraves,* la *garance*, la *luzerne*, etc.

128. Les *terres calcaires* peuvent être labourées en toute saison, et principalement en automne et en hiver.

Les *terres sablonneuses* s'ameublissent trop par les labours d'hiver.

Les *terrains argileux* compactes sont considérablement améliorés, assouplis, par les labours effectués pendant que le sol est gelé.

Les *terres blanches*, composées d'argile blanche et de sable, sont susceptibles, d'être gâtées par un labour fait avec la gelée.

---

[1] On appelle plantes *textiles* celles dont les fibres, les filaments, se filent et se tissent, comme le chanvre.

[2] C'est-à-dire dont la racine est en forme de pivot et s'enfonce perpendiculairement dans la terre.

129. Les *labours* ne peuvent être effectués pendant que la terre est trop *humide*. Toutes les natures de sol sont susceptibles d'être gâtées quand on les laboure dans un état *pâteux* trop frais, à l'exception des terrains très-légers, appelés *paluds*, dont on diminue la friabilité[1] en les travaillant à l'état humide.

QUESTIONNAIRE

124. Comment s'effectuent les labours?

125. Quels sont les effets produits par les labours?

126. Quels sont les avantages et les inconvénients du labour à la bêche?

127. Quelles sont les diverses profondeurs des labours à la charrue?

128. A quelles époques les labours doivent-ils être effectués, d'après les natures du sol?

129. Tous les terrains souffrent ils d'être labourés à l'état humide?

PRÉCEPTES MORAUX

Rien ne rafraîchit le sang comme de faire une bonne action.
 (Christine.)

Les plus belles actions cachées sont les plus estimables.
 (Pascal.)

La maîtresse des vertus est la discrétion. (Saint Antoine.)

Une belle âme doit être plus sensible aux bienfaits qu'aux outrages. (Stanislas.)

Aimer les animaux, avoir de la charité pour eux, est la marque d'un bon naturel. (Christine.)

[1] Faculté de se réduire aisément en poudre.

ENSEMENCEMENT

130. Après les labours et une bonne préparation de la terre, on l'ensemence, c'est-à-dire qu'on y répand des graines, dont le résultat constitue la récolte; pour que la récolte soit bonne, il faut, avant tout, de bonne graine, c'est-à-dire de bonnes semailles.

131. Il est inutile de renouveler les graines pour qu'elles soient de bonne venue; il faut seulement faire choix, parmi celles qu'on a récoltées, des grains les mieux nourris, les plus mûrs, les plus propres, les plus luisants et d'une grosseur régulière.

132. Pour s'assurer de la bonne qualité des graines qu'on destine aux semences, on met quelques grains dans une étoffe de laine imbibée d'eau et placée dans un endroit chauffé à 20 ou 25 degrés. Les bonnes graines y germent au bout quelques jours.

133. Pour éviter les dégâts que les champignons (*carie, charbon, rouille,* etc.) occasionnent aux récoltes des *céréales* surtout, le *chaulage* est indispensable : à cet effet, la veille des semailles, on fait fondre dans trois litres d'eau 300 grammes de vitriol bleu (sulfate de cuivre); on verse cette dissolution dans un hectolitre de blé, et l'on agite le tas pour opérer le mélange et le semer après que ce liquide est absorbé.

134. Il y a plusieurs modes de semer : le plus employé est celui dit *à la volée*. Le semeur *à la volée* porte le grain dans un sac suspendu au cou et tenu ouvert d'un côté, au moyen d'un bâton mis en travers de l'ouverture, et, pendant qu'il avance d'un pas régulier, il jette des poignées de grains en leur faisant décrire une demi-circonférence de droite à gauche.

135. Après l'ensemencement à la volée, on passe une herse sur toute la surface ensemencée, pour enterrer le grain et pour émietter le sol; si le terrain est très-léger, mieux vaut, dans ce cas, passer un rouleau pour le rendre plus compacte.

136. Les semailles faites de bonne heure, avant les grandes pluies d'automne et le froid, sont celles qui, d'ordinaire, réussissent le mieux.

137. On sème aussi au moyen d'un *semoir* avec attelage, sorte de machine au moyen de laquelle la terre est ouverte par lignes, dans lesquelles tombent les grains, qui sont recouverts par une plan-

che en forme de râteau, placée sur l'arrière de la machine. L'emploi de cet instrument réclame un terrain doux, uni et très-bien préparé.

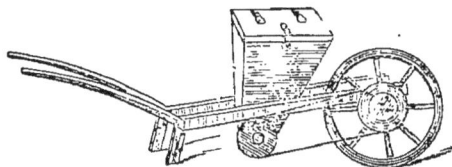

Fig. 16

138. On se sert aussi, en agriculture et en horticulture, de semoirs à brouette, pour les semailles de betterave, pois, etc. La roue, en tournant, fait mouvoir, au moyen de la corde sans fin qui tient à la roue, un cylindre intérieur qui laisse échapper plus ou moins de grains, suivant la vitesse des pas du conducteur (fig. 16).

QUESTIONNAIRE

150. Comment s'effectue l'ensemencement des graines?

131. Quelles sont les conditions que doivent remplir les grains destinés aux semailles?

132. Comment s'assure-t-on de la bonne qualité des grains?

133. Qu'est-ce que le chaulage?

134. Y a-t-il plusieurs modes de semer?

135. Quelle est la façon donnée aux terrains après leur ensemencement?

156. Quelles sont les meilleures semailles?

137. Les semailles faites au semoir attelé sont-elles préférables?

158. Quel est l'emploi du semoir à brouette?

PRÉCEPTES MORAUX

Le moyen de se sauver est de le vouloir. (Saint Thomas.)

Les apparences sont souvent trompeuses.

La pauvreté manque de beaucoup de choses, l'avarice manque de tout. (La Bruyère.)

N'entretenez pas de votre bonheur un homme moins heureux que vous. (Pythagore.)

L'ordre a trois avantages: il soulage la mémoire, il ménage le temps, il conserve les choses. (A. Dufresne.)

Tout ce qui est violent n'est pas durable.

PLANTATIONS

139. La plantation consiste à mettre en terre un plant, pour en provoquer la reprise. On désigne sous le nom de plantation un champ complanté d'arbres et d'arbustes, et même tout assemblage de végétaux quelconques dont la reproduction est confiée au sol autrement que par la voie du semis.

140. Les plantations d'arbres ont lieu dans di-

vers buts, c'est-à-dire pour créer des massifs, des bordures, des haies, des houillères.

141. Les arbres et arbustes forment un massif quand ils couvrent tout le terrain qui leur est destiné; ils sont disposés régulièrement, pour faciliter les labours, ou irrégulièrement.

142. On plante en bordure lorsqu'on entoure un terrain d'une rangée d'arbres; ce mode est usité dans une partie du sud-est de la France, pour la plantation des mûriers.

143. La plantation *en haies* s'effectue en distribuant les arbres ou arbustes à une distance telle, que leurs rameaux entrelacés forment un obstacle continu au passage.

144. Les *houillères* ont de 20^m à 25^m de largeur. On plante à cette distance les vergers d'oliviers tout comme des vergers de fruitiers et de mûriers. Dans le Var et autres contrées méridionales, on mêle l'olivier à la vigne.

QUESTIONNAIRE

139. Qu'entend-on par plantation?
140. Dans quels buts sont créées les plantations d'arbres?
141. Qu'est-ce qu'un massif?
142. Qu'est-ce qu'une plantation en bordure?

145. Qu'est-ce qu'une plantation en haie ?

144. Qu'entend-on par houillères?

PRÉCEPTES MORAUX

Soyez bon, vous plairez. (Gresset.)

Il n'y a que les grands cœurs qui sachent combien il y a de gloire à être bon (Fénélon).

La calomnie trouble le sage et elle abat la fermeté de son cœur.

La calomnie diffère de la médisance en ce que celle-ci publie le mal d'autrui.

PÉPINIÈRES

145. Les pépinières sont des étendues de terrain parfaitement labourées, fumées, ameublies, que l'on consacre au semis de graines d'arbres, aux plantes mères des végétaux qui ne se multiplient pas par drageons, et à l'éducation de sujets destinés à la transplantation.

146. Les pépinières d'arbres forestiers sont établies principalement au moyen de semis ; quelques espèces se multiplient aussi par boutures, par marcottes et par greffe.

147. La *bouture* est une partie de végétal qui a été séparée du sujet[1], qui manque de racines et de

---

[1] C'est-à-dire de l'arbre ou de l'arbrisseau qui le portait.

bourgeons, si essentiels au maintien de la vie ;
mais, fichée en terre dans des conditions convenables, cette portion de rameau parvient à se pourvoir de ses organes et à se développer complète-
ment.

148. Les modes de boutures les plus usitées sont
la bouture *simple* ou *par rameau*, la bouture *herbacée*
ou *par bourgeon*, la bouture *par plançon*, la bouture
par ramée et la bouture *par racine*.

Fig. 17   Fig. 18

149. La *bouture simple* (fig. 17) est formée par un

rameau de deux sèves, c'est-à-dire d'un an de végétation : on prend des tiges de la longueur de 0ᵐ,10 à 0ᵐ,15, dont on enterre le tiers environ après l'avoir dépourvu de ses feuilles. Ce genre de bouture ne réussit complétement que *sous cloche* ou *sous bâche* et ne s'emploie qu'en horticulture, ainsi que la bouture herbacée.

150. La *bouture herbacée* ou *par bourgeon* (fig. 18) est formée par des bourgeons d'un an à trois mois de végétation, d'une longueur de 0ᵐ,05 à 0ᵐ,10, dont on enlève les feuilles de la partie inférieure, mise en terre. Il est utile que la partie inférieure soit pourvue d'un talon ou d'un bourgeon. Cette bouture, usitée en horticulture, doit être mise sous cloche ; les feuilles sont coupées par le milieu.

151. *Boutures par plançons.* Le plançon ou plantard est une branche de 1ᵐ à 3ᵐ de longueur, en bois, de six sèves ou de trois ans, dont on enlève la partie supérieure, ainsi que toutes les branches latérales ; après avoir affilé la partie inférieure en forme de pieu, on la fiche en terre dans des trous préparés d'avance ou par la seule pression. Ce mode est du ressort de l'agriculture.

152. La *bouture par ramée* consiste à placer horizontalement, sur un sol meuble, et à la pro-

fondeur de 0^m,20 à 0^m,25, une branche de deux ans, munie de divers rameaux, qu'on laisse sortir hors de terre à la hauteur de 0^m,12 à 0^m,15; elle est usitée en agriculture.

153. La *bouture par racines*, usitée en agriculture et en horticulture, consiste à couper des racines près du pied de l'arbre, à les diviser par plançons de 0^m,15 à 0^m,25, à placer le petit bout en terre et à laisser sortir du sol le gros bout environ de 0^m,03.

QUESTIONNAIRE

145. Qu'entend-on par pépinières ?

146. Par quels moyens multiplie-t-on la majeure partie des arbres forestiers ?

147. Qu'est-ce que la bouture ?

148. Quels sont les modes de bouture ?

149. Qu'est-ce que la bouture simple ?

150. Qu'est-ce que la bouture herbacée ?

151. Comment effectue-t-on la bouture par plançon ?

152. Comment effectue-t-on la bouture par ramée ?

153. Comment effectue-t-on la bouture par racine ?

PRÉCEPTES MORAUX

La libéralité est le caractère des esprits débonnaires.
(Saints Livres.)

En sortant de la retraite d'un calomniateur, secouez la poussière de vos pieds. (Salomon.)

Quiconque n'a pas de caractère n'est pas un homme ; c'est
une chose. (Chamfort.)
La charité, c'est tout le christianisme. (Bossuet.)
Il y a plus de bonheur à donner qu'à recevoir.
Ne méprisez jamais l'instruction des enfants ; ils sont à
Dieu comme tous les plus grands. (Saint Benoît.)
Les contraires se guérissent par les contraires.
Dieu n'abandonne pas les siens.
Charrette qui marche devance lièvre qui court.

MARCOTTES

154. La *marcotte* est une bouture alimentée par les sucs nourriciers de la plante-mère, jusqu'au développement des nouvelles racines qui lui donnent le moyen de vivre par leur propre absorption.

155. On effectue la marcotte en couchant une branche dans le sol, après l'avoir détachée partiellement de la plante-mère par une entaille, et en la recouvrant de terre pour faire déclarer des racines là surtout où se trouvent des bourgeons.

156. Les principaux modes de marcottes sont : les marcottes simples, par butte, par torsion, par étranglement et en pots, etc.

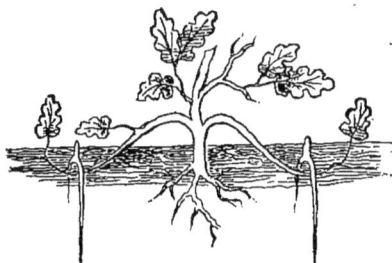

Fig. 19

157. La *marcotte simple* consiste à coucher en terre, à 0^m,08 ou 0^m,10 de profondeur, la branche, que l'on y fixe par le moyen d'un crochet en bois et que l'on recouvre ensuite (fig. 19).

158. La *marcotte par butte* consiste à couper ras du sol un arbre ou un arbuste, et à recouvrir immédiatement la souche avec 0^m,15 à 0^m,20 de terre.

159. La *marcotte par torsion* s'obtient en tordant une branche à l'endroit où l'on désire qu'elle prenne racine, et en l'enterrant à 0^m,08 ou 0^m,10 de profondeur.

160. La *marcotte par étranglement* se pratique en serrant ou étranglant une branche avec un fil de fer ou de lin passé dans la cire, afin d'arrêter la sève là où l'on veut faire naître des racines.

QUESTIONNAIRE

154. Qu'est-ce que la marcotte ?
155. Comment effectue-t-on la marcotte ?
156. Quels sont les principaux modes de marcottes ?
157. Qu'est-ce que la marcotte simple ?
158. Qu'entend-on par marcotte par butte ?
159. Qu'est-ce que la marcotte par torsion ?
160. Qu'est-ce que la marcotte par étranglement ?

PRÉCEPTES MORAUX

Celui-là est vraiment grand, qui a une grande charité.
  (Imit. de J.-C.)
Bienheureux celui qui sait secourir l'indigent et le pauvre.
  (Salomon.)
Le premier devoir est de ne pas faire du mal aux autres ;
  le second est de leur faire du bien.
La clémence est une bonté envers nos ennemis. (Vauve-
  nargues.)

GREFFE

161. La *greffe*, ou *ente*, est une partie d'une
plante vivante qui, insérée dans une autre, s'iden-
tifie avec elle et y pousse comme sur son pied na-

turel, lorsqu'il y a analogie suffisante entre la greffe et le sujet.

162. On appelle *sujet* la plante sur laquelle on applique la greffe. Pour que le sujet et la greffe s'unissent bien, il faut choisir le moment où les plantes sont bien en sève. Le printemps et le commencement de l'automne sont les époques les plus propices.

163. On reconnaît que les arbres sont bien en sève lorsque leur écorce s'enlève avec facilité, par le fait d'une matière séreuse[1], glutineuse[2], qui existe entre le bois et l'écorce.

164. La greffe a pour but de conserver et de propager les variétés des végétaux qui se multiplient moins sûrement et plus lentement par le moyen des semis; d'améliorer les qualités des fruits, d'en rendre la production plus forte, la maturité plus précoce, et enfin d'augmenter la beauté des fleurs.

165. Dans la grande culture, il n'y a que deux genres de greffes usités, celle *par scions* ou *pousses*, et celle *par bourgeons* ou *yeux*.

La première comprend la *greffe en fente* et la

---

[1] C'est-à-dire aqueuse, humide.
[2] C'est-à-dire un peu gluante.

greffe en couronne, et la seconde, la *greffe à écusson*
et la *greffe en flûte* ou *en sifflet*.

166. La *greffe en fente* est praticable dans deux
saisons, au printemps et en automne. Celle du
printemps est désignée sous le nom de greffe en
fente à *œil poussant*, et celle d'automne, sous
celui de greffe en fente à *œil dormant*.

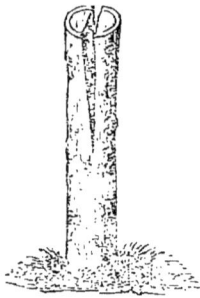

Fig. 20   Fig. 21   Fig. 22

167. Pour exécuter la greffe en fente à *œil poussant*, on coupe la tige du sujet au point où l'on veut
opérer; sur l'extrémité amputée, on pratique une
fente verticale de 0^m,04 à 0^m,05 (fig. 20), et on y
introduit un coin de bois qui maintient ouverte la

fente, dans laquelle on introduit un scion ou pousse d'un an, muni d'un ou deux yeux ou bourgeons et taillé en coin (fig. 21). L'écorce de la greffe doit se rapporter parfaitement avec celle du sujet (fig. 22); on fixe ensuite avec des liens de coton, et de préférence de laine.

168. La greffe en fente d'automne s'effectue en septembre, de la même façon que celle du printemps.

169. La *greffe en couronne* s'effectue en insérant dans la fente du sujet deux scions ou tiges, un de chaque côté. Quand on fait deux incisions en croix, on pose quatre greffes.

170. La greffe à écusson consiste à enlever un écusson, ou morceau d'écorce, muni d'un œil, et à l'adapter à l'écorce du sujet, sous deux incisions faites en forme de *T*, dont l'une est horizontale, au milieu de laquelle on fait la seconde verticale. Cette greffe est praticable au printemps et en automne.

171. La *greffe en flûte* ou *en sifflet* consiste à enlever au sujet un anneau d'écorce de $0^m,10$ à $0^m,12$ de hauteur, et à remplacer cet anneau cortical par un autre pris sur une branche de la dernière pousse, et muni d'un ou de plusieurs

bourgeons. On couvre les jointures avec de la cire à greffer, recouverte d'une toile.

172. La cire à greffer, ou onguent de Saint-Fiacre, est composée de $^1/_8$ suif, $^1/_8$ cire jaune, $^1/_8$ poix-résine, $^5/_8$ poix noire ; le tout fondu ensemble à petit feu.

QUESTIONNAIRE

161. Qu'est-ce que la greffe ?

162. Qu'entend-on par sujet ?

163. A quoi reconnaît-on qu'un arbre est en sève ?

164. Quel est le but de la greffe ?

165. Combien y a-t-il de genres de greffe dans la grande culture ? En combien d'espèces se divisent les deux genres ?

166. A quelle époque la greffe en fente est-elle praticable ?

167. Comment exécute-t-on la greffe en fente à œil poussant ?

168. Comment exécute-t-on celle d'automne ?

169. Qu'est-ce que la greffe en couronne ?

170. Qu'est-ce que la greffe à écusson ?

171. Comment effectue-t-on la greffe en fente ?

172. De quoi est composée la cire à greffer ?

PRÉCEPTES MORAUX

Sois muet quand tu as donné, parle quand tu as reçu.

Si votre ennemi a faim, donnez-lui du pain ; s'il a soif, donnez-lui à boire. (Salomon.)

Quiconque ne sait pas souffrir n'a point un grand cœur.
(Fénelon.)

TAILLE DES ARBRES

173. La taille appliquée aux arbres fruitiers a pour but :

1º De distribuer la sève également dans toutes les parties de l'arbre, afin de la forcer à donner des récoltes plus précoces, plus abondantes, de meilleure et plus belle qualité ;

2º De donner à l'arbre une forme en rapport avec la place qu'on désire lui faire occuper.

174. La taille appliquée aux mûriers, aux saules, aux peupliers, etc., a pour but d'obtenir des rameaux et des brindilles plus abondants, plus garnis de feuilles et plus faciles à cueillir.

175. Pour produire le plus de fruit dans une petite étendue, il est indispensable d'établir un certain équilibre (une égale répartition) de la sève dans les diverses parties de l'arbre.

176. On entretient l'équilibre entre les bourgeons dits à feuilles et les bourgeons dits à fleurs, en laissant au-dessus des bourgeons à fleurs des rameaux feuillés en quantité suffisante pour exciter la sève à monter et à s'élaborer.

Principes d'Agriculture. 7

177. Pour équilibrer la sève d'un arbre qui a des branches plus fortes d'un côté que de l'autre, il convient de tailler *court* le côté fort et *long* le côté faible.

178. Le *bourgeon* est le premier degré de végétation de l'œil ; le second est le *scion*, qui est appelé rameau dès qu'il prend des yeux et qu'il se ramifie.

179. La *branche à bois* est un rameau plus développé, et qui s'est transformé en branche à bois, en *branche à fruit* ou à *boutons à fleur*.

180. Le *bouton* est un bourgeon à fleurs ; il y en a de simples et de composés. Ceux de l'amandier sont simples ; du prunier, triples ; du cerisier, du pommier et du poirier, encore plus composés.

181. La taille avance la production, mais elle altère l'arbre et le fait mourir plus tôt.

Il y a plusieurs formes de taille ; les trois principales sont :

La taille en espalier,

La taille en pyramide,

La taille en gobelet.

QUESTIONNAIRE

175. Qu'est-ce que la taille ? Quel est son but sur les arbres fruitiers ?

174. Quel est le but de la taille sur les mûriers, saules, etc. ?

175. Quel est le but de l'équilibre de la sève ?

176. Comment entretient-on l'équilibre de la sève entre les bourgeons à feuilles et les bourgeons à fleurs ?

177. Quel moyen emploie-t-on pour équilibrer les branches fortes et les faibles ?

178. Qu'est-ce que le bourgeon ?

179. Qu'est-ce que la branche à bois ?

180. Qu'est-ce que le bouton ?

181. Quel est l'effet de la taille sur les arbres fruitiers, et quels sont les modes principaux de taille ?

PRÉCEPTES MORAUX

La colère est une fureur passagère (Horace).

Persévérance vaut souvent mieux que science.

Qui vit mal craint toujours.

*La réponse douce apaise la colère; la parole fâcheuse aug-
mente la fureur.* (Salomon.)

*Où règne l'amour de Dieu, il n'y a point de place pour la
haine du prochain.*

*Il n'y a pas d'homme qui n'ait ses défauts ; le meilleur est
celui qui en a le moins.* (Horace.)

Celui qui ne sait pas se taire, ne saura jamais parler.

Celui-là est vraiment grand qui a une grande charité.
(Imit. de J.-C.)

—

Taille en espalier.

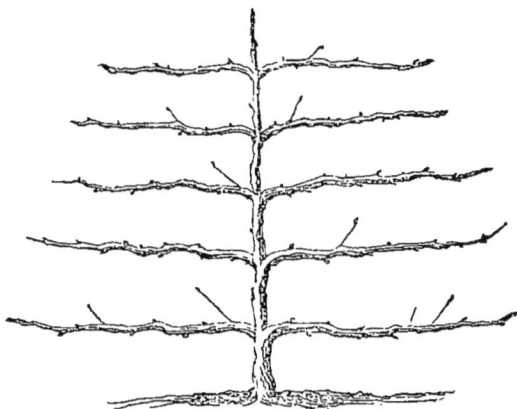

Fig. 23

182. La *taille en espalier*, dont ci-dessus la figure, est pratiquée dans le Midi plus spécialement pour le pêcher que pour les autres espèces d'arbres fruitiers; on trouve aussi quelques abricotiers soumis à cette taille. On peut y assujettir avec avantage le prunier et le poirier. On rencontre aussi dans des contrées à température moyenne des cerisiers et des pommiers en espalier.

183. En bonne règle, et quel que soit le climat

dans lequel on pratique la taille en espalier, il convient de varier les expositions et de les établir depuis le sud jusqu'au nord, suivant les variétés de fruit et dans le but d'avancer la maturité ou de la retarder.

184. La taille des arbres en espalier consiste dans la soustraction ou le raccourcissement des branches qui absorberaient la sève de leurs voisines, ce qui détruit l'équilibre général, et dans la suppression de celles qui ne peuvent être palissées faute d'espace.

185. On raccourcit les branches palissées pour faire développer des yeux latéraux; on supprime celles de devant, s'il n'est point utile de les conserver, ou on les taille très-court, à $0^m,02$, pour obtenir quelques petits rameaux à fruit.

186. Pour équilibrer parfaitement ce mode de taille, on ajoute aux moyens ci-dessus énoncés notamment l'*ébourgeonnement,* le *pincement,* la *cassure* et l'*arcure.*

187. L'*ébourgeonnement* consiste dans la suppression en vert de tous les bourgeons inutiles, et a pour effet de faire passer la sève dans ceux qui sont conservés. Cette opération s'effectue quand les bourgeons ont atteint $0^m,10$ à $0^m,12$ de longueur, ce qui a lieu dans les mois d'avril ou de mai.

188. Le *pincement* se pratique en coupant, à l'aide du pouce et de l'index, l'extrémité ou pointe des bourgeons ; il procure un refoulement de sève, ralentit la végétation trop vigoureuse des bourgeons, favorise ainsi le développement des plus faibles, et, par ces faits, contribue à transformer en fruits des bourgeons à bois, et à donner plus de force à ceux destinés à former la charpente. Le pincement a lieu surtout sur le pêcher ; il commence en avril et continue jusqu'à fin mai. Dès que les bourgeons ont de $0^m,10$ à $0^m,12$, il peut être répété à deux ou trois reprises au plus.

Les *pincements courts et répétés* pendant toute la végétation, tels qu'on les pratique dans le nord de la France, seraient la ruine des arbres du Midi, surtout de ceux qui sont exposés dans de bonnes terres d'alluvion, et exigeraient un travail continu tellement considérable, qu'un jardinier suffirait à peine à l'entretien de cinquante pieds.

189. Le *cassement* ou la *cassure* est la même opération que le pincement ; le premier a lieu sur les arbres à pépin, notamment sur le poirier, et la seconde sur les arbres à noyau, surtout sur le pêcher. Le cassement est pratiqué sur des rameaux ayant $0^m,15$ à $0^m,35$ de longueur, dans le même but et aux mêmes fins que le pincement.

190. L'*arcure* s'opère en courbant l'extrémité des rameaux ou des bourgeons vers la terre. Cette position ralentit le mouvement de la sève, et, en la retenant ainsi dans la branche arquée (recourbée), elle la met promptement à fruit.

QUESTIONNAIRE

182. Qu'est-ce que la taille en espalier?

183. Quelle est l'exposition qu'on doit donner aux arbres taillés en espalier?

184-185. Quelles sont les principales opérations de la taille en espalier?

186. Quels sont les moyens d'équilibrer plus également la sève?

187. Qu'est-ce que l'ébourgeonnement?

188. Qu'est-ce que le pincement, et quels sont les inconvénients des pincements répétés?

189. Qu'est-ce que le cassement?

190. Qu'entend-on par arcure?

PRÉCEPTES MORAUX

L'ignorance peut être appelée la nuit de l'esprit, et cette nuit n'a ni lune ni étoiles.

Une grande âme est au-dessus de l'injure, de l'injustice et de la douleur. (La Bruyère.)

Écrivez les injures sur le sable et les bienfaits sur le marbre.

Le mensonge peut être regardé comme le marchepied de tous les vices. (Duban.)

Tailles en pyramide et en gobelet

Fig. 24

191. Un arbre taillé en pyramide est formé par
une tige droite, garnie depuis le bas jusqu'au
sommet de branches latérales ayant les unes au-
dessus des autres de 0^m,30 à 0^m,35 ; elles alternent
entre elles pour la régularité de l'arbre, de la
marche de la sève, et pour la libre circulation de
l'air dans l'intérieur de l'arbre (fig. 24). La longueur des branches d'une pyramide diminue à me-

sure qu'elles se rapprochent du sommet, pour pren
dre la forme d'une quenouille. Les moyens indiqués
pour équilibrer la sève des arbres en espalier et
pour les pousser à fruit sont employés avec le même
succès sur les arbres taillés en pyramide.

192. La taille en pyramide est celle qui convient
le mieux dans un fruitier, pour l'économie du terrain et pour réunir un grand nombre d'arbres dans
un petit espace.

193. Le *gobelet* représente la figure d'un cône
renversé. Pour le former, on fait choix de quatre
à cinq branches placées aussi près du collet que
possible, et on les dirige pendant les premières
années au moyen de tuteurs et de cerceaux contre
lesquels on les palisse, pour leur donner cette forme
dès le bas âge.

194. Cette forme, beaucoup moins avantageuse
que la pyramide, est plus encombrante ; elle
réclame les mêmes soins et l'emploi des mêmes
moyens pour égaliser la sève et pour transformer
les branches à bois en branches à fruit.

QUESTIONNAIRE

191. Qu'entend-on par la taille en forme de pyramide ?
192. Quels sont les avantages de la taille en pyramide ?
193. Qu'entend-on par la taille en forme de gobelet ?
194. Quels sont les avantages de la taille en gobelet ?

PRÉCEPTES MORAUX

Dompte ta colère. (Caton.)

Celui qui dompte sa colère triomphe de son plus grand ennemi.

On n'est pas homme tant qu'on se laisse dominer par la colère.

Avec une bonne conduite, on trouve toujours assez de protecteurs. (Plaute.)

Faire et suivre sa propre volonté, c'est agir contre raison. (Saint Basile.)

RÉCOLTES. — Fenaison

195. On entend par *fenaison* la coupe et la dessication[1] convenables des herbes de prairie qui servent à l'alimentation des animaux domestiques herbivores (c'est-à-dire qui se nourrissent d'herbes).

196. On fauche les prairies naturelles quand la majeure partie des plantes qui les composent sont en complète floraison. En fauchant trop tôt, on perd en quantité; en fauchant trop tard, on perd en qualité, et on porte tort à la coupe suivante.

[1] Action de dessécher.

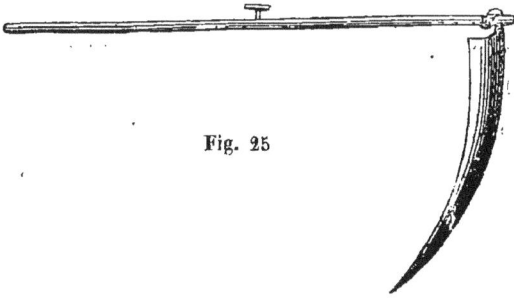

Fig. 25

197. On doit toujours faucher le plus ras de terre possible. On se sert aujourd'hui, dans les grandes exploitations, de faucheuses qui ont beaucoup de rapport avec la moissonneuse représentée à l'article *Moisson;* mais l'instrument le plus employé, et qui résistera encore longtemps à toutes les inventions mécaniques, c'est la faulx, qui est sujette aussi à diverses modifications, suivant l'usage des pays.

198. Les *prairies naturelles,* appelées aussi perpétuelles, sont composées de plantes vivaces, dont la majeure partie appartiennent à la famille des graminées; elles sont mêlées aussi de légumineuses et autres, qui sont *vivaces.*

Les *prairies artificielles* sont composées de plantes qui vivent un an ou plusieurs années. Parmi celles qui vivent un an, se trouve la vesce, etc.; parmi celles de deux ans, le sainfoin, le trèfle violet, etc., et parmi celles qui vivent plusieurs années, la luzerne. Ces plantes appartiennent presque toutes à la famille des légumineuses ou papilionacés.

199. Pour obtenir une dessication convenable du foin, on le laisse pendant une journée en andains[1], tel que la faulx l'a laissé, et le lendemain on le retourne deux ou trois fois ; il est alors assez sec pour être mis en meule ou en grenier.

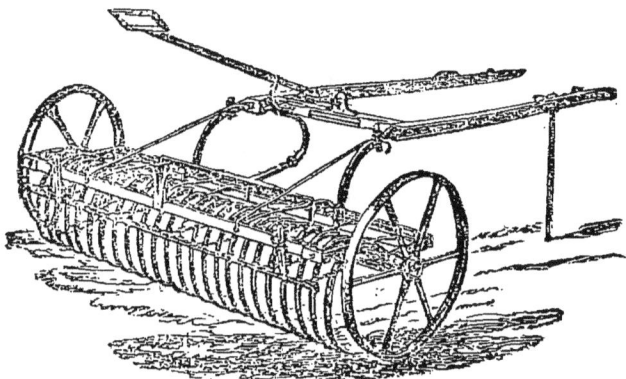

Fig. 26

200. Si le temps est à la pluie, on ne touche pas le foin ; on le laisse en andains jusqu'à ce que la pluie ait disparu. Si les andains ont été défaits et qu'il y ait commencement de dessication, on fait des tas petits, moyens ou forts, suivant que le foin

[1] Rangée de foin coupée par chaque coup de faulx.

est plus ou moins sec. Pour le ramasser, on se sert aujourd'hui d'un rateau à cheval ou à bras, dont les dents sont en forme de faucille qui, au moyen de charnières, se plient aux sinuosités du terrain (fig. 26).

201. On doit commencer à faucher quand le temps paraît au vif, lorsque le vent du nord souffle et que le *baromètre*[1] s'est élevé pendant quelques jours d'une manière lente et successive.

202. Les prairies artificielles (luzerne, trèfle, sainfoin, etc.) doivent aussi être fauchées quand les plantes sont en pleine fleur. Leur dessication est plus lente et mérite plus de soins que celles du foin des prairies perpétuelles ou naturelles.

203. Les fourrages artificiels, composés en majeure partie de légumineuses (plantes dont la fleur a la forme d'un papillon), réclament d'être peu remués, et que les andains soient retournés sans être secoués ni divisés. Ce foin réclame d'être en meule en plein air, à cause de la fermentation qu'il éprouve, et qui pourtant l'améliore, et aussi parce que les rats dans l'intérieur le détériorent.

204. En général, les fourrages ont beaucoup à gagner lorsqu'on les place en meules coniques surmontées d'un paillasson, non-seulement parce

---

[1] Instrument qui marque les changements de temps.

qu'ils sont ainsi à l'abri des dévastations des rats , mais encore parce qu'il est prouvé que le contact de l'air leur est favorable.

QUESTIONNAIRE

195. Qu'entend-on par fenaison ?

196. Quand fauche-t-on les prairies naturelles ?

197. Comment doit-on faucher ?

198. Quelle est la composition des prairies naturelles et des prairies artificielles ?

199. Comment fait-on dessécher le foin ?

200. Quelles précautions prendre quand le temps est à la pluie ?

201. Quand doit-on commencer de faucher ?

202. Quand doit-on faucher les prairies artificielles ?

203. Quelles sont les précautions réclamées par les fourrages artificiels ?

204. Quels sont les meilleurs moyens de conservation des fourrages ?

PRÉCEPTES MORAUX

La colère commence par la force et finit par le repentir.
La réflexion sert mieux que la colère.
L'âme n'a point de secret que la conduite ne révèle.
L'estime de soi-même est une des premières conditions du
  bonheur. (Duclos).
Nul ne peut être heureux s'il ne jouit de sa propre estime.

Moissons

205. On distingue, sous le nom de moissons, la récolte des céréales: *blé, seigle, orge, avoine, maïs*, que l'on coupe au moyen de la faulx.

206. On coupe les *céréales* quand le grain commence à durcir et qu'il a pris la consistance de la cire jaune. Sa maturité s'annonce aussi par la couleur jaune de la paille, par l'inclinaison des épis sur la tige et par l'écartement des arêtes ; elle a lieu, dans le Midi, du 12 au 25 juin.

Fig. 27

207. La faucille est le plus ancien instrument employé pour couper les herbes et les céréales. On s'en sert encore dans beaucoup de contrées du midi de la France. Elle représente, suivant les localités, un quart de cercle ou un demi-cercle. Elle a l'avantage pour les céréales de moins secouer les épis que

la faulx. Il y a aussi des faucilles de toutes les dimensions.

Fig. 28

208. La faulx est venue ensuite. Inutile d'en faire la description ; sa forme est représentée à la fenaison. Mais une nouvelle machine, qui est devenue une nécessité dans beaucoup de contrées, à cause de la rareté des bras, est la moissonneuse à cheval (fig. 28), dont la partie tranchante est une sorte de scie à dents, de 1^{m}50 environ de longueur, et fauche une zone de cette dimension. Sa vitesse est de quinze à vingt fois celle de l'attelage.

Elle fauche cinq hectares par journée de dix heures, avec deux chevaux.

209. Mieux vaut couper les céréales quatre à cinq jours plus tôt. La qualité du grain est meilleure, et on évite les dégâts occasionnés par les vents et par la rosée. On doit pourtant laisser mûrir complétement les céréales destinées aux semences.

210. Immédiatement après avoir fauché le produit de la journée, il faut le mettre en meulons (petites meules) de 1^m,30 environ de hauteur sur 7 à 8^m de circonférence, afin qu'il termine sa maturité dans cet état et qu'il soit ainsi à l'abri de la pluie.

211. On doit battre les blés le plus tôt possible après leur fauchaison et dès que le grain ne peut plus être facilement écrasé.

212. Dans les contrées méridionales, on bat le blé au fléau, en le faisant piétiner par des chevaux ou au moyen de rouleaux en pierre, ou enfin avec des machines à battre.

213. Pour nettoyer le grain, on le lance en l'air au moyen de larges pelles ou avec de grands paniers évasés, qui le soumettent à l'action du vent. Enfin on vanne généralement aujourd'hui au moyen de ventilateurs ou tarares.

205. Qu'est-ce que la moisson ?

206. Quand doit-on faucher le blé?

207. Qu'est-ce que la faucille , et quel avantage présente-t-elle ?

208. Quels sont les autres instruments pour faucher les céréales?

209. Quelles sont les meilleures conditions pour faucher les céréales ?

210. Quand et comment doit-on faire les meulons ?

211 , 212. Quand doit-on battre les céréales , et par quels moyens?

213. De quels moyens se sert-on pour nettoyer le grain ?

PRÉCEPTES MORAUX

Le véritable bien se trouve dans le repos de la conscience.
    (Sénèque.)
Ceux qui veulent donner des conseils doivent aussi en
    recevoir volontiers. (Caton.)
La considération est le revenu du mérite de toute une vie.
A l'industrie joignez de la constance , de la résolution et
    des soins. (Franklin.)
Parler sans penser, c'est tirer sans viser.

Vendanges et Fabrication des Vins

214. La récolte des raisins et son transport à la ferme constituent la vendange. On doit apporter

beaucoup de soins à ne cueillir que des fruits mûrs et à écarter tous ceux qui sont gâtés.

215. La vendange a lieu dans le Midi vers la fin septembre. Mieux vaudrait vendanger deux jours plus tôt que d'attendre la saison des pluies, et vendanger à deux reprises pour ne pas s'exposer à laisser gâter les raisins mûrs sous l'influence de l'humidité.

216. La plus grande propreté doit avoir lieu, soit dans les cuves, soit dans les vases qui servent à la préparation du vin. Il convient aussi de remplir les cuves dans la même journée ou dans le plus bref délai, afin que la fermentation soit plus prompte et plus égale.

217. Les raisins sont foulés par les pieds de l'homme ou écrasés entre deux cylindres avant d'être jetés dans les cuves. On doit auparavant enlever la plus grande quantité de râpes[1] possible, pour que le vin ne s'imprègne pas du goût acerbe qu'elles possèdent.

218. La fermentation du suc de raisin s'établit quelques jours après la foulaison, suivant la chaleur de l'atmosphère et le degré de maturité du fruit. Les cuves doivent avoir un couvercle qui empêche

---

[1] Grappe dépouillée de ses grains.

l'évaporation de la partie alcoolique et maintienne une égalité de température.

219. Plus on laisse cuver, plus la matière spiritueuse enlève à la peau du raisin sa partie colorante, et plus le vin est foncé. Aussitôt que la fermentation est terminée, on procède au décuvage, en ouvrant le robinet du bas de la cuve, par où le vin s'échappe.

220. Quand le vin est écoulé, on sort le marc et on le presse. Ce vin est mis à part ; il est de qualité inférieure. On l'appelle vin de pressoir.

221. Lorsque les tonneaux sont pleins, on les bouche et on les ouvre par intervalle, pour laisser échapper les gaz, qui, faute de trouver une issue, les feraient éclater.

222. Après que le vin a terminé complétement sa fermentation et déposé toutes les matières glaireuses qu'il renferme, on le transcuve (soutire) dans d'autres vaisseaux (tonneaux).

QUESTIONNAIRE

214. Qu'est-ce que les vendanges, et quels soins réclament-elles ?

215. A quelle époque les vendanges ont-elles lieu dans le Midi ?

216. Quelles sont les conditions les plus convenables pour que la fermentation soit prompte et régulière ?

217. Par quels moyens les raisins sont-ils écrasés ?

218. Quand s'établit la fermentation, et comment évite-t-on l'évaporation ?

219. Comment obtient-on un vin foncé, et comment s'opère le décuvage ?

220. Qu'est-ce que le vin de pressoir ?

221. Quelles sont les précautions à prendre pour que les tonneaux n'éclatent pas ?

222. Qu'entend-on par soutirer le vin, et quelle est l'époque propice ?

PRÉCEPTES MORAUX

Celui qui ne sait pas se taire ne saura jamais parler. (Pittacus.)

Écoutez avant de parler.

Examinez-vous souvent et interrogez-vous de même, pour savoir qui vous êtes. (Saint Basile.)

Le courage consiste à repousser l'injure et non à la faire. (Cicéron.)

Les grands revers sont la seule épreuve de la force de l'âme. (Laroche.)

Il faut fuir l'homme colère comme un chien enragé. (Saint Bonaventure.)

ANIMAUX UTILES ET NUISIBLES A L'AGRICULTURE

223. Les animaux se divisent en deux grandes sections. D'une part, ceux qui ont des vertèbres et qu'on appelle *animaux vertébrés*; de l'autre, ceux qui en sont privés et qu'on nomme *invertébrés*.

224. Les vertèbres sont des os nombreux, courts et liés ensemble, qui se trouvent au milieu des reins, depuis la tête jusqu'à la queue. Cette partie, sur laquelle se font tous les mouvements du corps de l'animal, est appelée *colonne vertébrale*.

225. Les animaux vertébrés offrent quatre divisions : les mammifères, les oiseaux, les reptiles, les poissons. Ceux qui sont principalement utiles à l'agriculture se trouvent dans les deux premières divisions.

226. Parmi les animaux invertébrés sont compris les insectes, et notamment les abeilles et les vers à soie, classés parmi les animaux utiles.

223. Comment se divise le règne animal?

224. Qu'entend-on par vertèbre?

225. En combien de sections divise-t-on les animaux vertébrés?

226. Quels sont les animaux utiles compris dans les animaux invertébrés?

PRÉCEPTES MORAUX

Le découragement est beaucoup plus douloureux que la patience.

La fortune aide les gens courageux.

Parle peu, écoute beaucoup, et tu ne feras point de fautes.

Il faut se taire ou dire des choses qui vaillent mieux que le silence.

ANIMAUX UTILES

—

MAMMIFÈRES

BŒUF

Fig. 29

227. Le genre *bœuf* renferme le taureau, ou mâle

reproducteur (fig. 29), le bœuf, la vache et la gé-
nisse, qui constituent ensemble l'*espèce bovine*.

228. L'espèce *bovine* est appelée, suivant sa constitution, au *travail*, à l'*engraissement* ou à la production du *lait*. C'est du lait de la vache qu'on retire
les beurres et divers fromages ; sa viande est de qualité excellente, et son cuir est très-estimé.

229. Les meilleurs types de bœufs sont la plupart du temps ceux qui sont originaires de la contrée
qu'ils habitent ; le temps a modifié leur constitution
suivant la qualité et la quantité du fourrage, ainsi
que les vicissitudes du climat.

230. Les tailles moyennes présentent, en général, beaucoup plus de chances favorables dans
les contrées méridionales : la viande des petites
tailles a un grain plus fin, et a une saveur supérieure ; elles résistent mieux au soleil absorbant du
Midi.

231. Les bêtes de taille moyenne se vendent plus
facilement. Elles sont faciles à nourrir ; leur croissance et leur développement sont plus précoces.

232. Les bêtes d'engrais, comme la vache lai-
tière, doivent avoir la peau souple au toucher, les
flancs larges et les jambes courtes et menues.

227. Comment se compose l'espèce bovine ?

228. Quelles sont les qualités de l'espèce bovine ?

229. Quels sont les meilleurs types de bœufs ?

230. Quelles sont les tailles qui conviennent le mieux dans le Midi ?

231. Quels sont les avantages des tailles moyennes ?

232. Quels sont les caractères extérieurs les plus avantageux aux bêtes d'engrais ?

PRÉCEPTES MORAUX

Plus on sème en désirs, moins on recueille en bonheur. (S. Dubay.)

En sacrifiant tout à son devoir, on est sûr d'arriver au bonheur. (Florian.)

Qui paye ses dettes s'enrichit.

MOUTON

Fig. 30

233. Le genre *mouton* renferme le bélier, ou mâle

reproducteur (fig. 30), le mouton, la brebis et l'agneau, qui constituent l'*espèce ovine*.

234. L'espèce *ovine* produit de la laine, du lait, du beurre et du fromage, de la graisse et de la viande.

235. La qualité de la laine dépend en partie de la nature des pâturages et du climat, mais beaucoup plus de la variété du mouton. On divise les laines en deux parties principales : les laines longues et les laines fines.

236. Les laines longues sont employées à la construction des étoffes grossières, et les laines fines aux étoffes de première qualité ; les laines fines sont produites notamment par la race *mérinos* ou mêlée mérinos.

Fig. 31

237. Pour l'amélioration de la viande, et pour

la facilité et l'économie de l'engraissement de l'espèce ovine, on a introduit en France des races anglaises, mieux conformées, telles que le *southdown* et le *dishley,* dont on a formé, par des croisements, la race de la *charmoise* (fig. 31.), qui résiste même mieux que le *southdown* aux chaleurs et aux maigres pâturages du Midi, et qui donne des produits métis d'un engraissement très-prompt.

QUESTIONNAIRE

233. Comment se compose l'espèce ovine ?

234. Quelles sont les productions de l'espèce ovine ?

235. Comment se divisent les qualités de laine ?

236. Quels sont les emplois des laines ?

257. Comment a-t-on amélioré l'espèce ovine pour l'engraissement ?

PRÉCEPTES MORAUX

Honore Dieu. (Caton.)

Vous aimerez Dieu de tout votre cœur, et votre prochain comme vous-même. (J.-C.)

Discutons souvent, ne disputons jamais.

Les lois du secret et du dépôt sont les mêmes. (Chamfort.)

Celui qui nie l'existence de Dieu est comme celui qui dirait n'avoir pas eu de père. (Destailleurs.)

CHÈVRE

Fig. 32

238. Le bouc (mâle reproducteur), la chèvre et le chevreau (fig. 32) constituent l'*espèce caprine*, qui est peu difficile pour le choix des aliments, mais qui fait de grands ravages là où elle reste à l'état libre.

239. La chèvre fournit du lait assez abondamment ; c'est de son lait qu'on obtient le fromage du Mont-d'Or. Sa chair est peu estimée ; son poil sert à fabriquer l'étoffe appelée *cachemire* ; sa peau sert à faire des gants et des souliers légers.

240. L'*espèce caprine* offre, comme les espèces bovine et ovine, un assez grand nombre de variétés ; mais les deux seules qui méritent d'être citées sont les races d'*Angora* et du *Thibet*, qui sont très-supérieures à la chèvre commune.

241. Les espèces bovine, ovine et caprine, font partie des ruminants, c'est-à-dire des animaux qui ont quatre estomacs, et qui font revenir du premier les aliments qu'ils ont avalés, pour les broyer de nouveau.

242. L'engrais de la chèvre et du mouton est de qualité chaude et supérieure; celui du bœuf est abondant, mais moins chaud.

QUESTIONNAIRE

238. Comment se compose l'espèce caprine?

239. Quelles sont les productions de la chèvre?

240. Quelles sont les variétés de chèvres qui paraissent supérieures?

241. A quelle famille appartiennent les espèces caprine, ovine et bovine?

242. Quelles sont les qualités de l'engrais des espèces caprine, ovine et bovine?

PRÉCEPTES MORAUX

La dissimulation est une imposture irréfléchie. (Vauvenargues.)

La réponse douce apaise la colère; la parole fâcheuse augmente la fureur.

Qui ne doute de rien ne sait rien.

Un sou épargné est un sou gagné. (Franklin.)

CHEVAL

Fig. 33

243. Le cheval, la jument et le poulain con-stituent à eux trois l'espèce chevaline, qui présente une infinité de modifications et de races, dont la plus appréciée en ce moment pour cheval de selle paraît être la race *anglaise*, dite *pur sang* (fig. 33).

244. L'*espèce chevaline* fait partie du genre *solipède*, c'est-à-dire qui n'a qu'*un seul doigt, une seule ongle*, en forme de sabot demi-circulaire.

245. Le cheval est l'animal le plus utile à l'homme sous le rapport agricole et industriel; c'est un des animaux les plus intelligents; ses

hennissements expriment ses sensations, ses désirs
et ses passions.

246. Les allures naturelles du cheval (sa manière de marcher) sont le pas , le trot et le galop ;
ses autres allures sont artificielles [1] et défectueuses.

247. Parmi les diverses races de chevaux , on
compte principalement le cheval de trait , le cheval
carrossier et le cheval de selle.

Fig. 34

248. Le cheval qui se prête le mieux à servir à
deux fins , c'est-à-dire au trait et à la voiture , est
le percheron (fig. 34).

---

[1] Exemple : l'amble, dans laquelle le cheval avance à la fois et
alternativement les deux jambes d'un même côté.

243. Comment se compose l'espèce chevaline ?

244. A quel genre appartient le cheval ?

245. Quelles sont les qualités du cheval ?

246. Quelles sont les allures naturelles du cheval ?

247. Quelles sont les races principales du cheval de service ?

248. Quel est le cheval qui se prête le mieux à servir à deux fins ?

PRÉCEPTES MORAUX

Où règne l'amour de Dieu, il n'y a point de place pour la haine du prochain.

Mon secret est mon esclave; s'il m'échappait, il deviendrait mon maître.

Fuir pour un moment l'homme colère, et fuir toujours l'homme dissimulé.

ANE et MULET

Fig 35

249. L'*âne*, l'*ânesse* et l'*ânon* constituent la race asine ; l'âne étalon est appelé *baudet* (fig. 35).

250. L'âne est le plus robuste, le plus sobre et le plus patient de tous les animaux domestiques; il est employé à tous les travaux des champs, et il marche dans les sentiers les plus étroits et les plus escarpés. Il a les oreilles très-longues; son cri s'appelle *braiement*.

251. Les ânes du Poitou sont les plus recherchés de la France; ils sont de grande taille, étoffés et fort beaux. Dans cette contrée, l'âne est soigné, et n'est point condamné par sa nature à l'avilissement, au jeûne et aux courses; aussi les éleveurs en sont-ils récompensés et en retirent-ils des prix aussi élevés que des plus beaux chevaux.

252. C'est en Toscane, en Espagne, et en Orient surtout, qu'on trouve les plus beaux ânes. Dans ce dernier pays, l'âne y est, par les soins qu'on lui prodigue, brillant de santé; il sert de monture de choix, et il est l'objet des mêmes soins, des mêmes ménagements que les chevaux.

253. L'âne est la bête de trait du pauvre; ses mouvements, qui sont peu allongés, en font une monture très-douce, paisible et agréable, surtout pour les femmes. De tous les animaux domestiques, c'est celui qui est le moins sujet à la vermine, dont on l'accuse sans doute pour excuser l'état d'esclavage ignoble et barbare auquel on le soumet.

Principes d'agriculture.

C'est ainsi que sont taxés bien souvent les hommes les plus modestes, les plus simples et les plus patients, quoique parfois les plus utiles.

254. Quoique l'âne se trouve au dernier rang des animaux de service, il est, pour le Midi surtout, d'une haute importance; il supporte toutes les fatigues et, par son accouplement avec la jument, il produit le *mulet*.

Fig. 36

255. Le mulet (fig. 36) est l'animal de trait le plus robuste, le plus infatigable et le plus approprié aux contrées du Midi; il participe de la force et de la sobriété de l'âne. On en trouve, en Espagne surtout, qui ont l'allure du *trot* beaucoup plus soutenue que le cheval.

QUESTIONNAIRE

249. Comment se compose l'espèce asine?

250. Quels sont les caractères les plus distinctifs de l'âne?

251. Quels sont les ânes les plus beaux de France?

252. Quels sont les pays étrangers où se trouvent les ânes les plus recherchés?

253. Quelles sont les qualités de l'âne?

254. De quel croisement est produit le mulet?

255. Quelles sont les qualités du mulet?

PRÉCEPTES MORAUX

Il y a des vertus solides et il y en a d'éclatantes; j'aime mieux les premières. (Saint Ignace).

L'avenir d'un enfant est toujours l'œuvre de sa mère. (Napoléon.)

L'égoïste brûlerait votre maison pour se faire cuire un œuf. (Chamfort.)

Si vous aimez la vie, ne dissipez pas le temps, car la vie en est faite. (Franklin.)

LE COCHON

Fig. 37

256. Le *cochon* (fig. 37), la *truie* et les *porcelets*

forment à eux trois la *race porcine*. Le cochon qui sert pour la reproduction est appelé *verrat*.

257. Le cochon a été formé par le *sanglier* amené à l'état domestique; il présente aujourd'hui un grand nombre de variétés. Son corps est trapu et garni de poils longs et rudes (soies); les dents canines sortent de sa bouche et se relèvent en forme de crochets. Il est de la famille des pachydermes.

258. Le cochon est très-facile à nourrir; il se multiplie beaucoup et trouve un placement assuré et avantageux. Sa chair, délicate et nourrissante, est pour les classes pauvres comme pour le riche, et pour les marins surtout, une ressource de première nécessité.

259. Depuis quelques années, on a introduit en France des variétés de porcs plus susceptibles d'engraissement; c'est principalement de l'Angleterre que nous sont arrivés les plus précieux, qu'on a appelés dès le principe *anglo-chinois*. Depuis lors, les races pures anglaises, *Berkshire, Hampshire, Leicester* et surtout *Essex*, ont donné des produits supérieurs.

260. Les races croisées anglaises avec les porcs originaires du Midi conviennent mieux à nos cli-

mats que les races pures anglaises ; elles ont une chair moins grasse, plus savoureuse et moins susceptible de rancir.

256. Comment se compose l'espèce porcine?

257. Quels sont les caractères du cochon?

258. Quels sont les avantages de l'espèce porcine?

259. Quelles sont les variétés qui ont amélioré l'espèce porcine en France?

260. Les races croisées conviennent-elles mieux au midi de la France?

PRÉCEPTES MORAUX

La véritable éloquence consiste à dire tout ce qu'il faut, et à le dire comme il faut. (La Rochefoucault.)

Le temps de la désolation n'est pas propre à faire de bonnes résolutions. (Saint Ignace.)

Point de repos pour l'envieux. (F. Denis.)

L'espérance est un emprunt fait au bonheur. (Rivarol.)

CHIEN ET CHAT

261. Le genre CHIEN appartient à la famille des carnivores. Il a l'appareil dentaire le plus complet, pour déchirer les chairs. Ses dents canines sont très-prononcées, et ses molaires tranchantes ; les

doigts de son pied garnis d'ongles pour saisir sa proie. Dans ce genre sont compris les *loups*, les *chacals*, les *renards*, etc., qui font partie des animaux nuisibles à l'agriculture.

262. Le *chien* domestique est l'animal le plus fidèle à l'homme ; il est son compagnon et le défenseur de sa personne et de sa ferme. Il est plus intelligent que le cheval : il garde les troupeaux, sert aussi, aux bouchers surtout, d'animal de trait, et sa force, jointe à son courage, sert pour dompter les autres animaux.

263. Le *chat* domestique, de la famille des canivores, a les doigts garnis de pelottes élastiques, qui rendent sa marche silencieuse. L'organisation de sa mâchoire, jointe à la voracité de son genre, le rend dangereux à l'état *sauvage*. Le *tigre*, la *panthère* et le *lion* appartiennent à ce genre.

264. Le chat domestique ne sert guère qu'à la destruction des animaux nuisibles, tels que les souris, les mulots, etc. ; élevé avec la famille, il est très-familier et a beaucoup d'adresse et de gentillesse dans ses allures.

QUESTIONNAIRE

261. A quelle famille appartient le chien, et quels sont ses caractères ?

262. Quelles sont les qualités du chien ?

263. Quels sont les caractères du chat, et à quelle famille appartient-il ?

264. Quels sont l'utilité et l'emploi du chat ?

PRÉCEPTES MORAUX

Qui saurait être le maître de ses passions serait le maître
de l'univers. (Saint Dominique.)
L'exemple est le plus éloquent de tous les sermons.
Le lendemain doit profiter des leçons de la veille.
Ne te contente pas de reprendre ceux qui ont fait des
fautes ; retiens ceux qui vont en faire.

OISEAUX

265. Les OISEAUX forment la deuxième division des animaux vertébrés, c'est-à-dire qui ont des vertèbres ; ils ont deux jambes, deux ailes, sont couverts de plumes, et leur bec est corné. Pour leur reproduction, ils mettent à l'air des œufs, qui réclament 30 degrés de chaleur pour que les germes se développent.

266. Les oiseaux domestiques les plus usités et les plus utiles sont répartis dans deux ordres, les gallinacés et les palmipèdes.

Gallinacés

267. On compte dans cet ordre le coq, le dindon, le paon, la pintade, le pigeon.

Le *coq*, dont la femelle, beaucoup plus répandue, s'appelle *poule*, est l'oiseau domestique ou la volaille la plus utile et la'plus nécessaire dans une ferme, autant pour sa chair que pour ses œufs. Le *chapon*, qui est le coq châtré, est plus facile à engraisser.

Fig. 38

268. Il existe aujourd'hui un nombre considérable de variétés, dont plusieurs ont été importées de l'étranger et du nord de la France dans le midi, et qui ont notablement contribué à l'amélioration de l'espèce *galline*; ce sont notamment les

Russes (fig. 38), les Cochinchinois, les crève-cœur de la Flèche (fig. 39), etc.

Fig. 39

269. Dans les pays du Midi, les poules pondent presque toute l'année; dans le Nord, elles commencent en février pour finir en septembre.

270. Le *dindon* a été apporté d'Amérique au xvie siècle. Il est plus difficile à élever que les poulets; mais, quand les dindonneaux ont poussé leur *rouge,* ils sont plus robustes que les poules et bravent les hivers les plus rudes.

271. Il y a trois variétés de dindons: le noir, le gris et le blanc; la chair en est excellente, ainsi que les œufs. La variété toute blanche passe pour être plus délicate.

272. Le *paon* a été apporté de l'Inde ; c'est incontestablement le plus beau des oiseaux, celui qui a les plus magnifiques plumes ; on le distingue à l'aigrette qu'il porte sur la tête et aux longues plumes de sa queue, qu'il étale en forme d'*arc-en-ciel*.

273. La chair du paon est très-délicate et est supérieure à celle des poules et des dindons. Les poules couvent et élèvent plus soigneusement les paonneaux que la paonne[1]. On trouve des paons bleu cuivre et blancs ; ces derniers sont plus rares.

274. La *pintade* est originaire d'Afrique ; elle a au bas des joues des appendices charnus ; sa tête est surmontée d'une crête calleuse, et sa queue est pendante et très-courte.

275. La chair de la pintade élevée en liberté, pouvant faire choix des aliments qui lui conviennent le mieux, est excellente et a beaucoup de rapport avec celle de la perdrix. Il y a trois variétés : des gris foncé, des gris très-clair et des blanches.

276. Le *pigeon* fournit les crottins les plus fertilisants, les plus chauds, qu'on appelle *colombine*. Il produit deux pigeonnaux tous les trente jours, et sans frais ; il va chercher sa nourriture dans les champs : le pigeon mange les grains utile ou nuisibles qui se trouvent sur le sol, sans emploi ; mais

[1] *Paon, paonneau et paonne* se prononcent *pan, panneau et panne,*

il ne gratte pas la terre pour chercher sa nourriture, et, dès lors, il ne peut faire aucun dégât,
et il débarrasse le sol de beaucoup de graines de
mauvaise qualité.

277. Il y a plusieurs espèces de pigeons ; les variétés sont très-nombreuses aujourd'hui. Jadis on
avait fait deux divisions : la première, qui portait
spécialement le nom de *pigeon*, et qui comprenait les
pigeons domestiques, et la seconde, le *bizet*, qui était
le pigeon sauvage.

Aujourd'hui on a domestiqué le bizet aussi
bien que le gros pigeon domestique. Le bizet va
chercher sa nourriture beaucoup plus loin ; mais,
comme le pigeon est le meilleur sarcleur et le plus
utile que l'homme puisse trouver, mieux vaut être
pourvu de la grosse espèce, qui soigne mieux
ses petits, qui donne d'aussi bons pères que de
fidèles épouses, et qui ne s'écarte pas très-loin du
domaine.

QUESTIONNAIRE

Oiseaux

265. Quels sont les caractères de cette division ?
266. Quels sont les oiseaux domestiques les plus utiles ?

Gallinacés

267. Quels sont les oiseaux domestiques qui font partie des
gallinacés ? — Qu'est-ce que le coq, la poule et le chapon ?

268. Quelles sont les variétés de poules importées?

269. Pendant combien de temps pondent les poules dans le Midi?

270. Qu'est-ce que le dindon?

271. Combien y a-t-il de variétés de dindons?

272. Qu'est-ce que le paon?

273. Quelles sont les variétés du paon et ses qualités?

274. Qu'est-ce que la pintade?

275. Quelles sont les variétés de la pintade et ses quaités?

276. Quels sont les produits et les qualités du pigeon?

277. Quels sont les deux ordres de pigeons et leurs avantages?

PRÉCEPTES MORAUX

L'homme juste ne dit jamais : « C'est assez », mais il a toujours soif de la justice. (Saint Bernard.)

La beauté est une fleur dont la bonté est le parfum. (Mabire.)

La finesse n'a guère plus de peine à tromper l'esprit qu'à duper la bêtise. (Lévis.)

Le vrai moyen d'être trompé, c'est de se croire plus fin qu'un autre. (La Rochefoucault.)

Palmipèdes

278. Les *palmipèdes* ont les pieds munis de membranes qui unissent leurs doigts et qui leur servent pour nager; leur plumage est enduit d'une matière

huileuse, qui les rend imperméables à l'eau. Un grand nombre de variétés vivent sur les eaux.

279. Les *oies* se nourrissent de grains, de vers et d'insectes; elles produisent une chair excellente, un foie très-recherché et du duvet. Cet oiseau forme une branche de commerce très-importante dans le haut Languedoc et dans la Haute-Garonne.

280. L'oie femelle est appelée *oie;* les petits, *oisons,* et le mâle reproducteur, *jars.* Il y a dans le Midi des oies blanches, des oies grises et des oies panachées.

281. Les *canards* se nourrissent, comme les oies, de graines, de vers et d'insectes. On compte aujourd'hui de nombreuses variétés qui vivent sur l'eau; il existe une variété grosse, à couleur blanche, dont la chair a le goût de celle de l'oie, qui fournit aussi des foies très-développés, du duvet, et qui ne va jamais dans l'eau.

QUESTIONNAIRE

278. A quoi reconnaît-on les palmipèdes?

279. Quelle est la nourriture de l'oie, et quels sont ses produits?

280. Quelles sont les différentes dénominations du genre oie, et quelles sont les variétés les plus connues dans le Midi?

281. Quelle est la nourriture du canard, et quels sont ses variétés et ses produits?

PRÉCEPTES MORAUX

Pécher est une chose humaine ; se venger, brutale. (Saint Elzéard.)

La franchise ne consiste pas à dire tout ce qu'on pense et à penser tout ce qu'on dit. (Livry.)

La vaine gloire a des fleurs et n'a pas de fruits.

La haine est un sentiment atroce, qu'une âme basse peut seule éprouver. (Livry.)

Vois les gens honnêtes, et tu seras honnête toi-même.

ÉDUCATION DES VERS A SOIE

Fig. 40

282. Pour élever efficacement les *vers à soie* (fig. 40), il faut avoir sans relâche de l'*ordre*, de la *propreté*, des *soins sympathiques pour eux*, les bien *égaliser* et leur donner de la *bonne feuille* et de l'*air*.

CONSERVATION DES ŒUFS

283. Après avoir fait un bon choix de la graine (œufs), on la place pendant l'hiver dans un lieu aéré, froid et sec, enveloppée d'un linge peu serré, pour la mettre à l'abri des variations brusques de la température et des dégâts des animaux.

284. Quand arrivent les premiers jours de mars, on donne graduellement un peu plus d'air aux œufs, et, quelques jours avant l'*incubation*, on les transporte dans un lieu plus chaud, dans lequel on les laisse jusqu'à ce qu'on les mette à l'étuve.

INCUBATION
OU COUVAISON A AIR CHAUD ET HUMIDE

285. En même temps qu'on transporte les œufs dans la salle d'éclosion, on pose un *thermomètre* (instrument qui mesure la chaleur) pour établir un degré de calorique gradué. On place aussi des vases pleins d'eau à chaque coin de l'étuve, et on arrose le sol pour entretenir un certain degré d'humidité dans l'air de la salle. On place les œufs dans de petits carrés de papier percillé, pour que l'influence de l'air agisse efficacement sur eux.

286. Le 1ᵉʳ jour, le thermomètre doit marquer
de .... 15 à 16°

Le 2ᵐᵉ jour................. 17 à 18°

Le 3ᵐᵉ jour................. 18 à 19°

Le 4ᵐᵉ jour................. 19 à 20°

On laisse le thermomètre à ce degré jusqu'à ce que l'éclosion soit terminée.

QUESTIONNAIRE

282. Quelles sont les conditions générales pour bien élever les vers à soie?

283. Comment doit-on conserver les œufs en hiver?

284. Quelles sont les précautions à prendre quand le printemps arrive?

285. Quelle est la première précaution à prendre en plaçant les vers à l'incubation?

286. Quels sont les degrés de chaleur nécessaires pendant l'incubation?

PRÉCEPTES MORAUX

L'hypocrisie est un hommage que le vice rend à la vertu.
    (Larochefoucault.)

La netteté épargne la longueur et sert de preuve aux idées.

Crains de médire. (Caton.)

La mauvaise parole blesse plus que l'épée la plus tranchante.

On ne croit plus un menteur même lorsqu'il dit la vérité.
    (Aristote.)

NAISSANCE DES VERS

—

Premier âge

287. Le thermomètre sera tenu de 17 à 18°. On place sur les œufs un papier percillé, sur lequel on met des bourgeons de mûrier sauvage très-tendres. Comme il est nécessaire que les vers soient élevés et se développent tous ensemble, on sacrifie les premiers nés, s'ils ne sont pas nombreux. On laisse les vases pleins d'eau ; on se dispense d'arroser si la température n'est pas très-sèche.

288. A mesure que les vers naissent, on les place sur des claies par rangs de 8 à 10 centimètres, en laissant entre eux un espace de 6 à 8 centimètres. Les premiers vers sont placés au point le plus éloigné du foyer, devant lequel on doit toujours placer une sorte d'écran pour que la chaleur n'arrive qu'indirectement sur nos jeunes élèves.

289. On donne trois repas aux premiers nés, quatre aux seconds, cinq aux troisièmes, six aux quatrièmes, sept aux cinquièmes et huit aux derniers. Par cette distribution, les vers seront *égaux, condition capitale.*

La feuille doit être coupée très-finement, sans être froissée.

290. Après cinq à six jours, la peau de nos petites bêtes change de couleur : le casque (la tête) devient noir. L'insecte reste immobile et il dresse la tête pour se débarrasser de sa première peau, ce qu'on appelle *mue*. La maladie qu'ils éprouvent pour faire cette mue est désignée *mal à propos* sous le nom de *sommeil*.

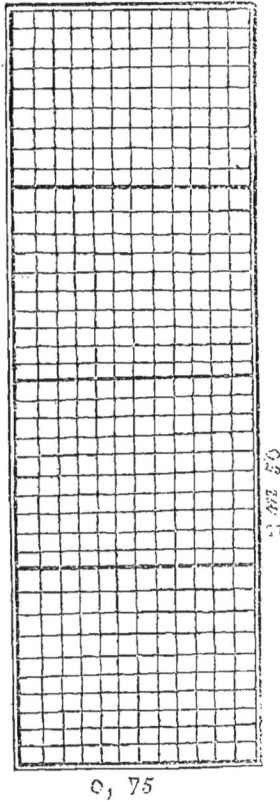

Fig. 41

291. On doit faire usage de claies en fil de fer (fig. 41), qui sont plus légères, plus durables et d'un prix plus modéré que celles en roseaux.

287. Quelles sont les précautions à prendre à la naissance des vers?

288. A quelles distances doivent être placés les vers, et dans quelles positions?

289. Quel nombre de repas doit-on donner aux vers naissants?

290. Quels sont les caractères de la première mue de ces vers?

291. Quelles sont les claies qui conviennent le mieux?

PRÉCEPTES MORAUX

Honore ton père et ta mère. (Saint Marc.)
Honorez votre père, et votre fils vous honorera.
Pauvreté honnête vaut mieux que richesse mal acquise.
Qui parle sème, qui écoute récolte. (Pythagore.)
La patience est la clé de toutes les portes et le remède à tous les maux.

PREMIÈRE MUE

—

Deuxième âge

292. Le thermomètre sera tenu de 16 à 17°. On tient toujours les vases pleins d'eau, et le sol arrosé si la température extérieure n'est pas humide.

293. On enlève les vers de leurs litières (délitement) de suite après leur première mue accomplie. Un second délitement doit être effectué vingt-quatre heures avant leur seconde maladie, qui a lieu cinq ou six jours après leur premier *réveil* ou *sortie de maladie*.

294. Ces délitements ont lieu au moyen de bourgeons de mûrier ou avec des papiers percés : en disposant des bourgeons de mûrier sur les claies, les vers viennent se placer dessus, et alors on enlève chaque bourgeon chargé d'insectes; en couvrant les claies de papier percé, les vers montent dessus, et il devient également facile de les changer de litière. On administre quatre repas par jour avec de la feuille coupée, cueillie récemment sur des sauvageons (mûriers non greffés) ou sur de vieux mûriers.

295. On doit tenir les vers également clairsemés, afin que chacun prenne son repas avec facilité et dans les mêmes proportions.

QUESTIONNAIRE

292. Quels sont les degrés de chaleur et d'humidité nécessaires au deuxième âge?

293. Combien de délitements doit-on faire, et à quelle époque?

294. Comment s'opèrent les délitements, et combien de repas doit-on donner ?

295. Doit-on tenir les vers épais ou bien clairsemés ?

PRÉCEPTES MORAUX

Ne mens jamais. (Caton.)

La vie des menteurs est sans honneur, et leur honte les accompagne toujours.

Soyez industrieux et libres, soyez modestes et libres.

Apprends à bien vivre, et tu sauras bien mourir.

Pardonnez souvent aux autres, jamais à vous-même.

(Saint Syrus.)

DEUXIÈME MUE

—

Troisième âge

296. Thermomètre, 15 à 16° ; humidité relative à l'état de l'atmosphère. On commence à donner de l'air par la fenêtre et par les soupiraux pendant la chaleur.

297. Mêmes soins que pour les âges précédents. Faites deux délitements ; administrez toujours quatre repas par jour.

298. Les litières des vers à soie sont excellentes

pour la plupart des bestiaux. On doit les ramasser soigneusement et les faire sécher.

296. Quels sont les degrés de chaleur et d'humidité au troisième âge?

297. Quels sont les soins à donner aux vers parvenus à leur troisième âge?

298. Quel emploi donne-t-on aux litières des vers à soie?

PRÉCEPTES MORAUX

La force et le courage ne mentent jamais. (Christine.)

Le mensonge peut être regardé comme le marche-pied de tous les vices. (Saint Duban.)

Le mérite console de tout. (Montesquieu.)

Voulez-vous qu'on dise du bien de vous? n'en dites point. (La Bruyère,)

TROISIÈME MUE

—

Quatrième âge.

299. Thermomètre, 14° ; arrosements si l'air est sec. Les soupiraux et les fenêtres sont tenus ouverts pendant les heures de beau temps de la journée.

300. On place des branches d'arbre ou d'arbuste frais devant les fenêtres, pour donner de l'élasticité

à l'air de la magnanerie et modifier les effets des rayons solaires. On tient toujours les vers clair-semés et égaux.

301. Quatre repas par jour seront administrés, ainsi que trois délitements, dont un se fera un jour après la mue, et le dernier un jour avant la maladie. Le ver triple de volume au quatrième âge.

302. Si le temps est lourd et orageux, on allume des feux flamboyants dans la cheminée.

303. L'incendie est fort à redouter au moment où les bruyères garnissent les claies : si l'on est forcé d'entrer dans la magnanerie avec une lampe, on doit faire usage d'une lampe à queue (en patois *caléou*), qui est surmontée d'un capuchon en fer-blanc et pourvue d'un petit cône renversé qui empêche le porteur de la poser sur les claies. Ci-après le modèle (fig. 42) :

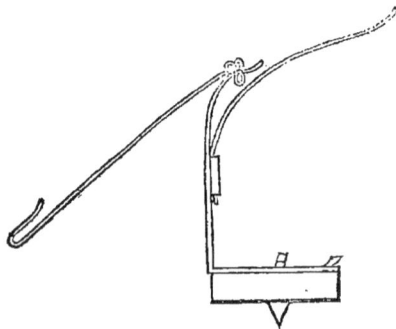

Fig. 42

QUESTIONNAIRE

299. Quels sont les degrés de chaleur et d'humidité nécessaires au quatrième âge?

300. Quels sont les moyens les plus convenables dans le Midi pour modifier les rayons du soleil?

301. Combien administre-t-on de repas et de délitements?

302. Comment modifie-t-on les effets d'une température orageuse?

303. Quels moyens ajoutez-vous aux précautions ordinaires pour éviter l'incendie?

PRÉCEPTES MORAUX

L'amour de la patrie commence à la famille. (Bacon.)
La pensée est un discours que l'esprit se tient à lui-même.
(J. de Maistre.)
Les plaisirs fatiguent plus que les affaires. (Christine.)
Avant de consulter votre fantaisie, consultez votre bourse.
(Franklin.)

QUATRIÈME MUE

—

Cinquième âge

304. Thermomètre, 14°; humidité moindre et relative à la température extérieure.

305. Les malades sont nombreux à cet âge. On doit les séparer des bien portants, au moyen de pa-

piers percés, sur lesquels les robustes montent plus promptement.

306. On donne cinq repas, jamais très-copieux, et également répandus ; trois délitements sont utiles.

307. On allume des feux clairs deux fois par jour, à 11 heures du matin et à 6 heures du soir, pour renouveler l'air de la magnanerie. La flamme brûle l'air de l'appartement, et il est renouvelé par celui du dehors, qui est pur. Fenêtres et soupiraux sont tenus ouverts.

308. S'il pleut constamment, on ventile la feuille dans un appartement éloigné de la magnanerie, et on la passe dans des sacs ; mieux vaut laisser jeûner les vers que de leur donner la feuille mouillée pendant que la température est humide.

309. Dès que les vers commencent à être translucides (transparents), on place des bruyères dans la forme ci-après (fig. 43) :

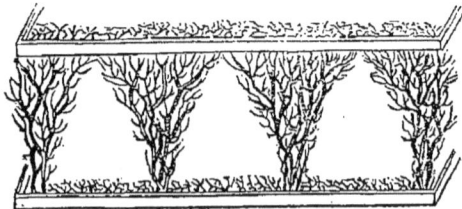

Fig. 43

310. Les rameaux de bruyère, de colza, de genêt, de chêne vert, etc., servent pour faire monter les vers; il ne faut les employer qu'à l'état sec. Quand le ver est monté sur la bruyère, et surtout quand il a commencé son cocon, on donne de l'air par toutes les ouvertures; les litières sont enlevées entre les bruyères, et les vers retardataires transportés sur des claies particulières.

QUESTIONNAIRE

304. Quels sont les degrés de chaleur et d'humidité nécessaires au cinquième âge?

305. Comment sépare-t-on les vers malades des bien portants?

306. Combien de repas et de délitements administre-t-on au cinquième âge?

307. Comment renouvelle-t-on l'air des magnaneries?

308. Quelles sont les précautions à prendre pendant les temps de pluie?

309. A quelle époque place-t-on les bruyères, et dans quelle forme?

310. Sur quoi fait-on monter les vers à soie? — Quelles sont les mesures à prendre quand le ver est monté?

PRÉCEPTES MORAUX

Il faut craindre surtout l'homme de talent sans probité.
(P. H.)

Le plus lent à promettre est toujours le plus fidèle à tenir.
(Léon.)

La propreté est une demi-vertu. (Saint Augustin).
Fréquente les bons. (Caton.)
Hante les bons, et tu seras bon.

COCONAGE

—

Sixième âge

311. Thermomètre, 14 degrés; humidité moindre
et relative à l'état de l'air extérieur.

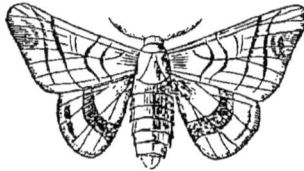

Fig. 44

312. Le ver qui va devenir chrysalide, d'une
part; de l'autre, la santé qu'il faut conserver au
papillon qui va naître, et la bonne qualité de la
soie, exigent une aération complète et régulière.

313. Le cocon est complétement formé huit à
neuf jours après celui où les vers l'ont commencé.
Le décoconage s'opère en enlevant avec soin les
bons cocons des bruyères, en mettant à part les
mauvais (chiques), en leur enlevant la bave et en
les étendant sur des claies exposées à l'air.

QUESTIONNAIRE

311. Quels sont les degrés de chaleur et d'humidité né-cessaires au moment où le cocon est terminé?

312. Quelles sont les causes qui prescrivent une aération complète?

313. Quand et comment s'opère le coconnage?

PRÉCEPTES MORAUX

Voulez-vous avoir un serviteur fidèle que vous aimiez, servez-vous vous-même. (Franklin.)

La félicité du monde demande deux choses : pouvoir ce qu'on veut, vouloir ce qu'on peut. (Saint Augustin.)

Le temps est un charlatan qui escamote le présent en faisant briller l'avenir. (Fontenelle.)

Le temps use l'erreur et polit la vérité. (Lévis.)

ABEILLES

Fig. 45

314. Les *abeilles*, du genre des *mellifères*, pré-

sentent trois états différents à leur dernière métamorphose : ce sont les *ouvrières* (ou mulets), les
bourdons (ou faux bourdons) et la *reine* ou *mère*.

315. Les *ouvrières* sont au nombre de 12 à 25,000
par ruche. Elles sont plus petites que les autres;
elles seules travaillent. Elles construisent leurs cel-
lules; elles vont recueillir le miel et le pollen (poussière renfermée dans les fleurs), qui se transforme
en cire dans leur estomac; plus tard, elles sont
chargées de nourrir les jeunes larves ou chenilles
(premier âge de l'abeille, comme de tous les insectes).

316. Les *bourdons* sont au nombre de 500 à 800
par ruche. Ils sont plus gros que les ouvrières : ils
ont le corps velu, la tête grosse, les yeux saillants.
Leur fonction est de féconder la *reine;* mais, comme
un seul d'entre eux suffit pour féconder une reine
pendant toute sa vie, la nature leur a assigné de
ne pas sortir de l'essaim et de couvrir les rayons,
pour leur conserver la chaleur nécessaire au cou-
vain (œufs d'insecte). Ils n'ont pas d'aiguillons.

317. L'*abeille reine*, ou *mère abeille*, a le corps
plus long que les ouvrières et les bourdons; elle
est armée d'un aiguillon, comme les ouvrières. Les
pontes qui sont faites en une année par une seule

reine s'élèvent de 40 à 60,000 œufs; l'époque de la grande ponte a lieu au printemps.

318. La mère reste trois jours à l'état d'œuf, cinq jours à l'état de larve; deux jours après, la cellule est fermée, et l'insecte file son enveloppe. Trois jours après la confection complète de sa coque, elle se métamorphose en chrysalide, et, le dix-huitième jour, elle parvient à l'état d'insecte parfait. L'ouvrière reste quelques jours de plus que la reine pour se métamorphoser.

319. Il n'existe qu'une *mère* dans chaque ruche; s'il en naît plusieurs, elles se battent, et la survivante gouverne *seule* toute la colonie. La reine seule sert à la propagation; son existence est plus longue que celle des ouvrières, qui, à leur tour, vivent plus longtemps que les bourdons.

320. La *reine* pond vingt à vingt-cinq jours après sa naissance; elle dépose dans les rayons du centre les œufs des ouvrières. Dix mois après, elle pond les œufs des bourdons, et, après, elle produit des œufs d'abeille mère. Les œufs éclosent trois à six jours après avoir été déposés.

321. Les ruches en cordons de paille conviennent le mieux pour maintenir la chaleur pendant l'hiver, et une température moyenne en été. Les

expositions chaudes et abritées des vents et des grands coups de soleil sont les plus propices dans les contrées méridionales ; on expose les ruches au midi et à l'abri des vents pendant l'hiver, et, en été, on les transporte dans des vallons ou sur des collines à température modérée, entourées de prairies et de fleurs diverses, et à portée de l'eau.

322. Suivant les contrées, les expositions et les usages, on fait la récolte du miel en mars ou en octobre ; on enlève la cire morte au printemps dans tous les pays.

323. Un essaim pèse environ 2 à 5 kilogrammes. Chaque kilogramme d'abeilles contient 10,000 abeilles.

QUESTIONNAIRE

314. A quel genre appartiennent les abeilles, et combien présentent-elles d'états de métamorphoses ?

315. Quelles sont les fonctions des ouvrières ou mulets ?

316. Quelles sont les fonctions des bourdons ?

317. Quelles sont les fonctions de la reine ?

318. Quels sont les degrés et les délais pour que la reine arrive à sa dernière métamorphose ?

319. Combien y a-t-il de reines dans une ruche ? La reine vit-elle davantage que les autres abeilles ?

320. Quelles sont les époques de la ponte de la reine et l'époque de l'éclosion de ses œufs ?

521. Quelles sont les ruches qui conviennent le mieux, ainsi que leur meilleure exposition dans le Midi?

322. A quelle époque fait-on la récolte du miel?

323. Quels sont le poids d'un essaim et la valeur en nombre d'un kilogramme d'abeilles?

PRÉCEPTES MORAUX

Avant de te moquer du boiteux, regarde si tu marches droit.

Je n'ai jamais vu que la ruse puisse tenir longtemps contre la sincérité. (Rivarol.)

La sincérité est la récompense de la droiture et de l'innocence. (Bossuet.)

Celui qui ne sait pas se taire sait rarement bien parler.

FAMILLE DES INSECTIVORES

324. *Hérisson commun*. Ce carnassier insectivore est encore placé parmi les animaux nuisibles à l'agriculture, par respect pour la routine qui lui a assigné cette place. On l'accuse de dévorer les fruits et les tubercules qui servent à la nourriture de l'homme; cette accusation n'est pas fondée.

Il est notoire qu'il fait sa pâture de taupes, de rats, de mulots, de limaces, d'escargots, de vers de terre, de hannetons, de larves et autres insectes qui font beaucoup de ravages parmi les produits de l'agriculture ; il serait dans l'intérêt d'un bon cultivateur de le rechercher, ainsi que le crapaud, pour le placer dans son exploitation.

325. La *taupe* ne se nourrit aussi que d'insectes nuisibles à l'agriculture, tels que vers de terre, grenouilles, vers blancs et autres larves d'insectes ; mais elle cause beaucoup de dommages à toutes les cultures, surtout aux semis, où elle soulève plus particulièrement le sol et en rend ainsi la sortie impossible. On pourrait cependant lui pardonner ses chemins souterrains dans les prairies, qu'elle laboure ainsi intérieurement. Elle est donc tantôt utile et tantôt nuisible.

326. On prend les taupes au piége ; on les empoisonne au moyen de la noix vomique en poudre, mêlée aux substances animales qu'elles recherchent, et qu'on place dans leurs galeries. Les odeurs fortes placées dans leurs galeries les font fuir.

QUESTIONNAIRE

324. Qu'est-ce que le hérisson ? Quelles sont sa nourriture et son action sur les produits agricoles ?

325. Qu'est-ce que la taupe, et quelle est son action sur les produits du sol.

326. Comment détruit-on la taupe ?

PRÉCEPTES MORAUX

Se fier à tout le monde et ne se fier à personne sont deux excès. (Sénèque.)

Plus on aime à railler, plus on aime à s'attirer de mauvaises affaires.

Ne raille personne. (Caton.)

Soyez reconnaissant. (Saint Paul.)

OISEAUX

—

OISEAUX UTILES ET INDISPENSABLES

327. La nécessité de conserver les oiseaux utiles et indispensables à la conservation des récoltes est devenue urgente en présence de l'accroissement considérable des insectes qui dévorent les produits alimentaires sous toutes les formes.

328. Un des moyens les plus puissants est d'inspirer aux enfants, dès le bas âge, l'intérêt que présentent tous les oiseaux, l'utilité qu'il y a pour leur avenir de les aimer, de les respecter et de les laisser vivre, alors même qu'ils ont sous les yeux des exemples de chasse et d'extermination de la part des hommes les plus raisonnables.

329. Les enfants, dont l'instinct est bon, aiment sincèrement les oiseaux; ils les recherchent dans la ferme intention de les avoir toujours avec eux; ils ne les tuent le plus souvent que pour les presser avec trop d'amour et en leur donnant une nourriture trop abondante; mais ils deviennent cruels envers eux par l'exemple qu'ils reçoivent de l'homme.

330. Le *moineau*, qui a la réputation d'être un des oiseaux les plus destructeurs, que l'on a improprement classé parmi les granivores, a été ainsi qualifié pour engager les enfants à en rechercher les petits.

331. Dans la fausse croyance que les moineaux contribuaient par leur ravage à l'infériorité des récoltes dans le Palatinat, une prime fut offerte par tête de moineau. Peu de temps après ce carnage *à primes,* des dégâts bien plus redoutables, causés par les insectes, menacèrent l'existence de l'homme par insuffisance de récolte, et on se hâta d'offrir une prime beaucoup plus forte pour l'importation du *moineau,* qu'on avait considéré comme un ennemi, tandis qu'il est un serviteur peu dispendieux, mais *indispensable.*

332. Le grand Frédéric aimait passionnément la cerise; les moineaux lui dévoraient une partie

de celles de son fruitier: il leur déclara la guerre en mettant leur existence à prix. Les moineaux disparurent; mais, deux ans après, non-seulement il n'y eut plus de cerises, mais même presque point d'autres fruits: les chenilles les dévoraient tous. Le grand vainqueur de l'Autriche, ne trouvant aucun moyen de déclarer une guerre d'extermination à ces insectes, fut forcé de s'avouer vaincu et de signer un traité de paix et d'alliance offensive et défensive avec la *fringille*, appelée *moineau*.

333. Les insectes pullulent par nombres indéfinis, et à tel point que, si l'on continuait à détruire nos intéressants oiseaux, qui rendent nos campagnes attrayantes par leurs chants mélodieux, par leur vivacité et par la beauté de leurs plumages, nous serions bientôt sans pain, sans fourrage, sans viande et sans vin, les insectes dévorant ces aliments sous toutes les formes.

334. D'après le savant Cuvier, le règne animal s'élève à 100,000 individus, dont:

1,500 variétés de mammifères,
1,500 variétés de reptiles,
7,000 variétés d'oiseaux,
8,000 variétés de poissons,
82,000 variétés d'insectes.
──────
100,000

Ces proportions, à elles seules, et la multiplicité incalculable des insectes, sont des motifs puissants pour engager l'homme à respecter et à aimer les gardiens les plus fidèles et les plus intelligents de ses récoltes.

QUESTIONNAIRE

327. Quelles sont les circonstances qui nécessitent la conservation des oiseaux ?

328. Quels sont les moyens les plus efficaces pour rendre les oiseaux plus abondants ?

329. Les enfants sont-ils poussés par leur nature à être méchants envers les oiseaux ?

330. Quels sont les motifs qui ont engagé l'homme à classer le moineau parmi les oiseaux les plus destructeurs ?

331. Que s'est-il passé dans le Palatinat au sujet des moineaux ?

332. Racontez-nous le fait arrivé au grand Frédéric au sujet de la destruction de ses cerises.

333. Quels sont les dangers auxquels nous serions exposés si l'on continuait à exterminer les oiseaux ?

334. Quelles sont les proportions des insectes dans le règne animal ?

PRÉCEPTES MORAUX

Pauvreté honnête vaut mieux que richesses mal acquises.

On aime mieux dire du mal de soi-même que de n'en point parler. (Larochefoucault.)

La paresse va si lentement, que la pauvreté l'atteint tout à coup. (Franklin.)

Les paresseux ont toujours envie de faire quelque chose.
    (Vauvenargues.)
*Plus on aime à railler, plus on s'attire de mauvaises
    affaires.*
Soyez reconnaissants. (Saint Paul.)

OISEAUX UTILES AUX RÉCOLTES.

335. Les oiseaux sont relativement nuisibles à
l'agriculture par la consommation qu'ils font des
graines, des semences confiées à la terre et des
jeunes plantes ou bourgeons qu'ils dévorent.

336. Parmi ceux qu'on accuse d'être nuisibles se
trouvent notamment les moineaux, les corneilles,
les freux, les pics, les geais, les perdrix, les cailles,
les grives, les étourneaux, les merles, les alouettes,
les linottes, etc. Ces espèces ont été classées à
tort parmi les *granivores*[1]; elles sont *omnivores*
(mangent de tout), et préfèrent toujours se nourrir
d'*insectes* que d'autres substances. Elles sont donc
plus souvent utiles que nuisibles, quoiqu'elles soient
taxées de très-nuisibles dans un but de destruction.

337. Les oiseaux *omnivores*, ne trouvant pas à
leur portée d'autres substances alimentaires que

---

[1] C'est-à-dire mangeurs de grains.

les graines utiles à l'homme, en font leur nourriture pendant une partie de l'été et une partie de l'automne seulement; mais ils trouvent toujours sur la terre une suffisante quantité d'insectes et de graines adventives (graines de mauvaises herbes qui envahissent nos cultures), et, dans tous les cas, ils se nourrissent pendant tout le *printemps*, tout l'*hiver* et une partie de l'*été* et de l'*automne*, *exclusivement* avec des insectes, des larves et de mauvaises graines qui désolent nos champs.

QUESTIONNAIRE

555. Quels sont les genres de dégâts que font les oiseaux sur la terre ?

536. Quelles sont les sortes d'oiseaux qu'on accuse d'être nuisibles à l'agriculture ?

537. Les animaux omnivores font-ils du tort aux récoltes et pendant toutes les saisons ?

PRÉCEPTES MORAUX

Ne raille personne. (Caton.)

Le ridicule est l'arme favorite du vice.

Avant de te moquer du boiteux, regarde si tu marches droit.

La sécurité est la récompense de la droiture et de l'innocence. (Bossuet.)

L'empressement donne du prix aux petits services. (Mabire.)

La santé est, de tous les trésors, le plus précieux et le plus mal gardé.

OISEAUX INDISPENSABLES

A la conservation des récoltes

338. Si les *granivores* sont reconnus utiles, on ne peut éviter de classer parmi les oiseaux *indispensables* ceux qui, par la finesse de leurs becs (appelés becs fins), ne peuvent casser les graines, dévorer des bourgeons, et qui se nourrissent entièrement d'insectes.

339. On compte, parmi les oiseaux à bec fin (insectivores), l'hirondelle, le martinet, les fauvettes, les mésanges, les roitelets, le rossignol, le rouge-gorge, et une foule d'autres que les chasseurs recherchent de préférence, parce que leur chair est plus fine et plus savoureuse.

QUESTIONNAIRE

338. Quelles sont les espèces d'oiseaux qui méritent d'être qualifiées d'indispensables aux récoltes?

339. Citez-nous quelques-uns des oiseaux qui sont *insectivores*.

PRÉCEPTES MORAUX

Les services qu'on reçoit dans la détresse sont ceux qu'on oublie le moins. (Hippocrate.)

Le sage se demande à lui-même la cause de ses fautes; l'insensé la demande aux autres. (Aristote.)

Il vaut mieux orner le dedans que le dehors.

La mauvaise plaie se guérit, la mauvaise renommée ne se guérit pas.

L'orgueil fait faire autant de bassesses que l'intérêt.

ANIMAUX NUISIBLES

MAMMIFÈRES OU QUADRUPÈDES CARNASSIERS

340. Les animaux nuisibles compris dans cette famille sont : le *loup*, la *belette*, la *fouine*, le *putois*, la *loutre*, la *martre*, le *renard* et le *chat sauvage*.

341. Le *loup* est redoutable surtout pour les troupeaux. Une simple lanterne allumée pendant la nuit, au milieu d'un troupeau, suffit pour le tenir éloigné ; les chasses au tir et à courre et des battues organisées sont les seuls moyens de le détruire lorsqu'il est nombreux dans une contrée.

On peut l'empoisonner en mettant de la noix vomique en poudre dans le cadavre d'un mouton ou d'un chien.

342. La *belette* a de $0^m,20$ à $0^m,25$ de longueur ; son corps est de couleur fauve, sa queue noire, et le bord des oreilles blanc.

Elle entre dans les poulaillers, tue les poulets, suce les œufs après les avoir écrasés ; elle se nourrit dans les champs de rats, de taupes et des oiseaux ou reptiles qu'elle peut saisir.

On dresse contre elle une sorte de piége nommé quatre-de-chiffre [1], et on la fait sortir de son gîte.

343. La *fouine* a 0^m,40 environ de long; son corps est brun, sa gorge blanche. Elle a les mêmes habitudes que la belette. On use contre elle des mêmes moyens que pour la belette; mais mieux vaut se préserver de ses ravages en faisant coucher les volailles et les pigeons dans des volières bien crépies et bien fermées.

344. Le *putois* est de la taille de la *fouine*; ses flancs sont jaunâtres et sa tête est tachetée de blanc. Il a les mêmes habitudes que la *fouine*, fait pendant l'hiver plus de ravages qu'elle. Il est reconnaissable à l'odeur infecte qu'il répand.

La *loutre* a les mêmes habitudes que les précédents, mais elle habite de préférence près de l'eau. Son corps traîne sur la terre, ce qui fait reconnaître sa trace, sur laquelle on peut poser un piége.

La *martre* a beaucoup de ressemblance avec la *fouine*; elle habite les bois, où elle attaque l'*écureuil* et les *mulots*. On lui tend les mêmes piéges qu'aux autres dévastateurs.

[1] Sorte de piége fait avec des tresses.

345. Le *renard* fait la guerre aux *lièvres,* aux lapins, aux oiseaux de basse-cour et même aux œufs, au miel, aux raisins, et ne s'écarte pas beaucoup des lieux montagneux et boisés. On lui tend des lacets et des piéges; on l'attire par des fumigations de galbanum, de camphre et de chair grillée.

QUESTIONNAIRE

340. Quels sont les animaux nuisibles de la famille des mammifères carnassiers?

341. Quels sont les moyens d'éloigner et de détruire le *loup ?*

342. Quels sont les habitudes de la *belette,* et le moyen de la traquer?

343. Quelles sont les habitudes de la *fouine,* et les moyens d'éviter ses ravages?

344. Quelles sont les habitudes du *putois,* de la *loutre* et de la *martre?*

345. Quelles sont les habitudes du *renard,* et les moyens de le détruire ?

PRINCIPES MORAUX

Le vrai caractère d'une âme innocente est de ne pas savoir ce qui peut nuire à un autre. (Saint Ambroise.)

Le temps est un charlatan qui escamote le présent, en faisant briller l'avenir. (Fontenelle.)

La vengeance la plus noble et la plus délicieuse, c'est le pardon. (Molière.)

Il me faut servir de mes mains, puisque je ne suis pas riche; mon métier vaut un fonds de terre. (Francklin.)

MAMMIFÈRES RONGEURS

346. RATS. — Le genre rat comprend six espèces, qui font beaucoup de tort aux produits agricoles. Ce sont : le *rat noir*, la *souris*, le *surmulot*, le
mulot, le *campagnol* et le *rat d'eau*.

347. Le *rat noir* (en patois *gari*) vit dans les ha-
bitations, au moyen de grains, de fruits, de paille,
de foin, de poussier, de pigeonnaux, etc.; il creuse
et détériore les murs des maisons. Il devient plus
facilement la victime des chats que les souris, plus
petites et plus fines.

On l'empoisonne avec la coque du Levant en poudre, mêlée à du pain ou de la graisse, et, dans les
lieux à l'abri des enfants et des chats, avec de la
noix vomique, l'arsenic ou autres poisons mêlés aux
substances dont les rats sont friands.

348. La *souris* habite les maisons, se nourrit
des mêmes substances que le rat noir et s'attaque
même *aux linges et aux papiers*. Elle est d'un gris
cendré ; on trouve parfois une variété blanche. On
la détruit par les mêmes engins et les mêmes poisons que le *rat noir*. La pâte phosphorée la tue radi-

calement, quand on l'applique à un aliment qu'elle préfère.

349. Le *surmulot*, apporté de l'Inde il y a bientôt deux siècles, est plus gros que le *rat noir,* qu'il détruit partout où il le trouve. Il se tient plus volontiers dans les caves, dans les égouts, les cimetières, les voiries, et se nourrit particulièrement de chair gâtée. Il est commun dans les grandes villes. Son poil est roux. Il se défend contre les chats. On le poursuit avec des chiens dressés et on l'empoisonne.

350. Le *mulot* ou *rat des champs* est le grand rat des champs; il est un peu plus gros que la souris et le campagnol; il vit dans les forêts, d'où il sort pour venir faire des provisions de grains à l'époque des moissons et des semailles. On le détruit par les mêmes moyens que le campagnol.

351. Le *campagnol,* ou petit rat des champs, se nourrit de graines, de racines et de tiges. Son corps est de la grosseur de celui de la souris et de couleur rousse; sa queue est plus courte et velue. Il trace sans cesse de nouveaux sentiers dans le sol et fait des *terriers* nombreux. Il serait à désirer qu'il n'y eût de campagnols que dans les prés, dont ils labourent le sol, et où ils produisent par leurs *terriers* un buttage très-salutaire aux plantes.

Les inondations du terrain sont peut-être le

moyen le plus assuré de les détruire. On fait aussi des fumigations sulfureuses dans les trous, ainsi que des préparations empoisonnées.

352. Le *rat d'eau* tient le milieu entre le *surmulot* et le *rat noir* : il est gris très-foncé ; sa queue est de la longueur de son corps. Il se tient aux bords des eaux, et vient dans les champs vers le soir et pendant la nuit, pour chercher des graines et des racines dont il fait sa nourriture. Il plonge dans l'eau quand il aperçoit l'homme, qui dans certaines localités le recherche pour le manger.

Pour cette espèce, l'empoisonnement par la ménisperme (coque du Levant) est le moyen le plus propre de destruction.

353. Le genre *loir* a beaucoup de ressemblance avec le genre rat. Le loir dort pendant l'hiver comme les marmottes.

Le *loir* commun est de la grosseur du rat ; il est blanc en-dessous et a la queue poilue comme celle des écureuils. Il fait la chasse aux petits oiseaux et mange les fruits.

354. Le *loir lerot* est moins gros que le *loir commun* ; il a autour de l'œil une bande noire, qui le distingue du précédent. Il se nourrit de fruits principalement.

Les moyens de destruction sont les mêmes que pour les rats; M. Thénard a proposé, pour leur empoisonnement, les vapeurs de l'hydrogène sulfuré, introduites dans les trous ou sentiers des loirs.

355. Le *lièvre* et le *lapin* font partie des mammifères rongeurs généralement nuisibles à l'agriculture ; mais la chasse qu'on leur fait rend inutile la citation des moyens à employer pour leur destruction. On devrait, au contraire, rechercher les méthodes les plus efficaces pour les élever et en augmenter le nombre, pour la nourriture de l'espèce humaine.

QUESTIONNAIRE

346. Combien connaît-on d'espèces de rats ?

347. Qu'est-ce que le rat noir, et comment le détruit-on ?

348. Qu'est-ce que la souris, et comment la détruit-on ?

349. Qu'est-ce que le surmulot, et comment le détruit-on ?

350. Qu'est-ce que le mulot, et comment le détruit-on ?

351. Qu'est-ce que le campagnol, et comment le détruit-on ?

352. Qu'est-ce que le rat d'eau, et comment le détruit-on ?

353. Qu'est-ce que le loir, et comment le détruit-on ?

354. Qu'est-ce que le loir lerot, et comment le détruit-on ?

355. A quel ordre de mammifères appartiennent le lièvre et le lapin, et que devrait-on faire à leur égard ?

Il n'y a que la religion capable de changer les peines en plaisirs. (Stanislas.)

La reconnaissance est un des premiers besoins d'une belle âme. (Livry.)

La bonne réputation vaut mieux que les grandes richesses. (Salomon.)

Il est plus facile de s'abstenir que de se contenir. (Fontenelle.)

ANIMAUX INVERTÉBRÉS

—

Mollusques nuisibles.

356. Parmi les mollusques, deux genres seulement sont nuisibles à l'agriculture: ce sont les *limaçons* ou *hélices*, et les *limaces* ou *loches*. Les mollusques ont, la plupart, une coquille d'une ou deux pièces, composée en grande partie de carbonate de chaux.

ESCARGOTS

357. — On compte quatre espèces d'escargots: Le *grand escargot* ou *l'hélice des vignes*, — *l'hélice*

tachée, l'*hélice des bois,* l'*hélice des jardins* ou *chagriné.* Ils sont tous gourmands des végétaux herbacés, dont ils font un grand dégât.

358. L'*hélice des vignes,* qui est l'escargot le plus commun, sert d'aliment à l'homme dans presque toutes les contrées, notamment en Italie et en Suisse, où on l'élève. Elle a un coquille épaisse et solide.

359. L'*hélice tachée* est plus petite que la précédente ; sa coquille est plus mince. Elle est tachetée de jaune et de bleu. Elle est très-commune dans les jardins.

L'*hélice des bois* est beaucoup plus petite, d'un blanc jaunâtre, rayée de noir ; l'ouverture de la coquille est noire.

L'*hélice des jardins* a beaucoup de ressemblance avec la précédente ; elle ne présente une différence sensible que par l'orifice de la coquille, qui est blanc.

360. Les moyens les plus efficaces pour les détruire sont : 1° de les ramasser de grand matin, et surtout après la pluie ou après avoir arrosé les champs ; 2° de répandre sur le sol, d'une manière uniforme et légère, de la chaux en poudre, ou de la chaux qui a servi pour l'épuration du gaz d'éclairage : cet

alcali les excite; ils exsudent toute leur humeur visqueuse, et meurent. Cet alcali en petite quantité, *enfermé dans le sol,* ne peut que produire un très-bon effet, dans les terrains arrosés surtout.

QUESTIONNAIRE

356. Quels sont les mollusques nuisibles à l'agriculture?

357. Combien compte-t-on d'espèces d'escargots ou hélices.

358. Qu'est-ce que l'escargot commun ou l'hélice vigneronne.

359. Quels sont les signes distinctifs de l'hélice tachée, de celle des bois et de celle des jardins?

360. Quels sont les moyens de détruire les hélices?

PRÉCEPTES MORAUX

Les gens faibles ne plient jamais quand ils le doivent.

Le désordre a trois inconvénients: l'ennui, l'impatience et la perte de temps. (Dufresne.)

Honore ton père et ta mère. (Écriture Sainte.)

L'ostentation de franchise est un poignard caché. (Marc-Aurèle.)

Rien n'empêche tant d'être naturel que l'envie de le paraître. (Larochefoucault).

LIMACES

361. Les limaces sont des mollusques nus, ou des limaçons sans coquille ; les espèces les plus

destructives sont la limace agreste , la limace rouge et la limace noire.

362. Les limaces sont plus nuisibles aux produits agricoles que les limaçons; elles dévorent les jeunes semis, se nourrissent des pousses les plus tendres et ravagent aussi les fruits.

363. La *limace agreste* est grisâtre, petite ; elle fréquente les sols assidûment arrosés, et rend beaucoup de mucosités[1].

La *limace rouge* est plus abondante et plus longue que la précédente.

La *limace noire* est encore plus longue que la limace rouge; elle est d'un brun foncé.

364. Il existe deux moyens principaux pour détruire les limaces : 1° la chaux en poudre ou la chaux des usines à gaz, comme il est dit aux limaçons ; elles redoutent davantage cette dernière; 2° les dindons, qui les mangent avec voracité.

QUESTIONNAIRE

361. Quelles sont les espèces de limaces les plus destructives?

362. Quel est le genre de torts portés par les limaces aux produits de la terre?

[1] Humeur gluante.

363. Quels sont les caractères de la limace agreste, de la limace rouge et de la limace noire?

364. Quels sont les moyens de destruction des limaces?

PRÉCEPTES MORAUX

Voulez-vous qu'on dise du bien de vous , n'en dites point.
    (Labruyère.)
Le mérite console de tout. (Montesquieu.)
La force et le courage ne mentent jamais. ('Christine.')
Crains de médire. (Caton.)
On ne peut être juste si l'on n'est humain. (Larochefoucault.

COLÉOPTÈRES

365. Les coléoptères ont deux ailes dures, appelées élytres, qui en protégent deux autres membraneuses, placées en-dessous. Leur premier état est celui de *larve* ou *chenille;* le deuxième, celui de *chrysalide* ou *nymphe;* le troisième, celui d'*insecte.* En cet état, ils font des œufs et meurent.

HANNETON ET CANTHARIDE

366. Il existe plusieurs espèces de hannetons; mais les plus nuisibles à l'agriculture sont le *han-*

Fig. 46

neton commun (fig. 46) surtout, et le *foulon* ou hanneton des pins.

Fig. 47

367. Le *hanneton commun*, à élytres brunes, passe
les trois ou quatre premières années de son existence dans la terre, à l'état de larve, que l'on désigne sous le nom de *ver blanc* (fig. 47) ou *turf*; en
cet état, il se nourrit de racines, et surtout d'écorces
de racine. Parvenu à l'état de hanneton, il dévore
les feuilles des arbres, il s'enfonce ensuite sous
terre, et, après y avoir déposé ses œufs, il meurt.

368. Le *foulon*, ou *hanneton des pins*, est plus
gros que le précédent; il a les élytres panachées
de blanc, il ravage les pousses nouvelles des prés.

369. Les moyens pour détruire les hannetons

sont d'une exécution difficile ; on les détruit à l'état
de larve : 1° en les ramassant à mesure qu'on laboure le sol ; 2° en répandant de la chaux, surtout
celle des usines à gaz, dans le fond du sillon ; — et à
l'état de hanneton, en secouant les arbres au moment des plus fortes chaleurs, ou bien en faisant
des fumigations soufrées et résineuses au-dessous
des arbres, au moment du repos des insectes, qui a
lieu vers le milieu de la journée ; mais le meilleur
moyen serait la conservation et la multiplication
des oiseaux, qui, en général, se nourrissent de
préférence d'insectes.

Fig. 48

370. La cantharide (fig. n° 48) a le corps al-
longé, presque cylindrique, protégé par des élytres
(ailes supérieures dures) d'un vert doré magni-
fique. L'odeur qu'elle répand est repoussante et
décèle les plantes sur lesquelles elle prend sa nourriture. De fin avril à mi-juin, elle dévore les frênes,

les lilas, les troënes, et disparaît ensuite sans qu'on sache d'où elles arrivent ni où elles vont.

371. On détruit les cantharides en les plongeant dans le vinaigre, qui les tue à l'instant. Pour les prendre, on n'a qu'à secouer, dès le grand matin, les branches sur lesquelles elles se trouvent. La cantharide est un objet de valeur ; on la vend, à l'état sec, aux pharmaciens, qui l'emploient pour les vésicatoires et les mouches de Milan.

QUESTIONNAIRE

565. Quels sont les caractères des coléoptères, et leurs différentes phases ou états ?

566. Y a-t-il plusieurs espèces de hannetons nuisibles à la végétation ?

567. Quels sont les dégâts occasionnés par le hanneton commun et par la larve ?

568. Quels sont les dégâts du foulon ?

369. Quels sont les moyens connus pour détruire les hannetons ?

570. Quels sont les caractères de la cantharide ?

371. Comment détruit-on et emploie-t-on la cantharide ?

PRÉCEPTES MORAUX

Aussitôt que l'homme se dérègle dans ses désirs, il trouve dans soi le trouble et l'inquiétude. (Gerson.)

C'est toujours faute de soin et de surveillance que le besoin et la misère arrivent.

La température est à la santé du corps ce que la modéra-
tion est à la santé de l'âme. (C. Barjavel.)
La vertu n'est solide que quand les principes religieux
lui servent de base. (Larochefoucault.)

CHARANÇONS et SCOLYTES

372. Les *charançons*, ou *becmarcs*, sont très-nuisibles aux céréales, notamment le *charançon dublé*,
qui a 3 à 4 centimètres de longueur à l'état d'insecte, et qui porte au-devant de sa tête une trompe
longue avec des mâchoires velues. Il détruit immen-
sément de grains, en dévorant, à l'état de larve, la
partie farineuse du blé ; il devient chrysalide dans la
cavité qu'il s'est creusée dans le grain, et sort à
l'état parfait (insecte).

373. Il y a des charançons particuliers pour le
riz et pour chaque sorte de grains ; il en existe aussi
en Provence une autre espèce qu'on appelle *cadelle*,
et qui, à l'état de larve, ronge également le pain,
les noix, les écorces d'arbre ; et, à l'état d'insecte,
ne touche plus au blé.

374. Les blés atteints du charançon doivent être
ventilés[1] et criblés : le mouvement les force à fuir.

---

1 Vannés, exposés à l'air, au vent.

On emploie aussi le goudron, dont on enduit les murs et le plancher. Cette odeur seule les chasse.

Fig. 49

375. Les *scolytes* les plus dangereux sont le *destructeur,* dont la larve et l'insecte vivent sous l'écorce de l'orme, et le *scolyte typographe* (fig. 49), qui se loge sous l'écorce des pins, et qui y creuse un sillon vertical, puis d'autres plus étroits horizontaux et se terminant en cul-de-sac (fig. 50). Le corps de ces deux scolytes est à peu près égal en grosseur, de $0^m,004$ à $0^m,005$ de longueur. Leur corselet est noir, plus ponctué chez le dernier; les élytres et les pattes sont d'un roux marron.

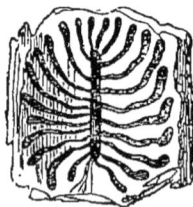

Fig. 50

376. On se met à l'abri des ravages de ces insectes en enlevant complétement l'écorce externe

et rugueuse de l'orme, et aussi celle des pins, où
les ravages ne sont pas aussi meurtriers.

372. Quels sont les caractères des charançons et les
dégâts qu'ils occasionnent ?

373. Existe-t-il plusieurs espèces de charançons?

374. Quels sont les moyens de détruire les charançons?

375. Quels sont les caractères des scolytes ?

376. Comment se garantit-on des ravages des scolytes?

PRÉCEPTES MORAUX

*Un bon aujourd'hui vaut mieux que deux demain. Avez-
vous quelque chose à faire demain, faites-le aujour-
d'hui.* (Franklin.)

*La morale prescrit le travail; le travail, à son tour, dis-
pose l'âme à la morale.* (C. Barjavel.)

*L'homme intrépide et ferme en ses desseins tient toujours,
quand il veut, la fortune en ses mains.* (Blin.)

*La pauvreté n'ôte pas la vertu, et les richesses ne la don-
nent pas.*

ORTHOPTÈRES

377. Les insectes de cette famille ont, à l'exception des forficules, les élytres coriaces, les ailes
pliées en longueur et la bouche garnie généralement de mâchoires puissantes.

FORFICULES

Fig. 51

378. Les forficules ou perce-oreilles (fig. 51), insectes de l'ordre des orthoptères, ont des élytres très-
courtes, sous lesquelles se trouvent des ailes pliées
en éventail. Ces insectes ont beaucoup d'analogie
avec les hannetons et les charançons.

379. On les trouve à terre, sur les plantes, et
surtout sous les écorces des arbres : ils font beaucoup de ravages parmi les fruits, et les fleurs d'œillet
surtout; on les appelle *perce-oreilles*, parce qu'on
prétend qu'elles s'introduisent dans les oreilles de
l'homme, ce qui paraît être un préjugé.

380. Pour éloigner les forficules de l'écorce des
arbres, on enlève les parties rongées et on les recouvre de goudron mêlé à de la poix noire ; l'odeur
les fait fuir.

QUESTIONNAIRE

377. Quels sont les caractères des orthoptères?

378. Quels sont les caractères des forficules ou perce-oreilles?

379. Quels sont les ravages occasionnés par les forficules?

380. Quels sont les moyens de chasser les forficules?

PRÉCEPTES MORAUX

Il faut une place à chaque chose, et mettre chaque chose a sa place.

Le sommeil est d'autant plus réparateur que le travail de la journée a été consciencieux.

GRILLONS

381. Il y a en France deux espèces de grillons, qui font quelque peu de dégâts : le grillon des champs et le grillon domestique. Ce genre d'insecte, de l'ordre des orthoptères, est pourvu de pattes flexibles, pour sauter ; le mâle produit, par le frottement de ses élytres, un bruit vif qui imite le mot *cri-cri*.

382. Le *grillon des champs* est noir, a les ailes plus courtes que les élytres, les jambes épineuses ;

la femelle a une tarière noire, en forme de sabre, au-dessus de son anus.

Le *grillon domestique* a le corps et les élytres jaunâtres, et ces dernières plus courtes que les ailes ; il vit dans les maisons, surtout dans les boulangeries.

383. Les grillons font peu de dégâts et sont peu persécutés par les cultivateurs, parce que tous les animaux, en général, en sont friands et les dévorent.

QUESTIONNAIRE

381. Combien y a-t-il d'espèces de grillons, et quels sont leurs caractères ?

382. Quels sont les caractères du grillon des champs et du grillon domestique ?

383. Les grillons font-ils beaucoup de dégâts ?

PRÉCEPTES MORAUX

Le suicide est le plus grand des crimes. Quel courage peut avoir celui qui tremble devant un revers de fortune ? Le véritable héroïsme consiste à être supérieur aux maux de la vie. (Napoléon Ier.)

On se venge mieux d'un sot par le mépris que par les coups.

La voix du supérieur est la voix de Dieu. (Gerson.)

Les passions les plus violentes nous laissent quelquefois du relâche, mais la vanité nous agite toujours. (La Rochefoucault.)

COURTILIÈRES

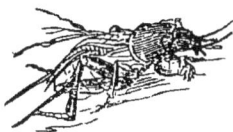

Fig. 52

384. La *courtilière*, ou *taupe-grillon*, ou *grillon-taupe* (fig. 52), est du même genre que les grillons. Son corps, hideux et brun, est d'une longueur de 7 à 8 centimètres. Par sa forme intérieure, elle a de l'analogie avec le grillon, mais ses pattes extérieures sont armées d'espèces de mains semblables à celles de la taupe. Son cri est à peu près semblable à celui du grillon.

385. La courtilière ne se nourrit que d'insectes ; mais, pour les rechercher, elle trace des sentiers souterrains et coupe, mutile les racines des plan-tes, des graminées, des potagers surtout, et occasionne des pertes énormes au cultivateur. Les petits sortent de l'œuf dans l'état naturel, mais blancs.

386. Les moyens les plus efficaces pour la détruire sont : 1° d'arroser leurs galeries avec de l'eau dans laquelle on a mis de l'huile ; 2° de remplir en hiver des fossés de $0^m,40$ de profondeur, avec du fumier

de litière bien piétiné, dans lequel elles viennent se réfugier ; on le fouille et on les tue ; 3° les rats , les mulots et les hérissons en sont avides ; 4° l'usage de la chaux des usines à gaz, employée pendant l'hiver et enterrée, donne de très-bons résultats.

QUESTIONNAIRE

384. Quels sont les caractères de la courtilière ?

385. Quels sont les dommages occasionnés par la courtilière ?

386. Quels sont les moyens de destruction de la courtilière ?

PRÉCEPTES MORAUX

Dieu ne veut point être craint, mais il veut être aimé, honoré et respecté. (Saint Vincent de Paule.)

La faim regarde à la porte de l'homme laborieux, mais elle n'ose pas entrer. (Francklin.)

Le bien amassé par de mauvais moyens diminuera ; celui qui en amasse par son travail le verra se multiplier. (Salomon.)

Le temps est le rivage de l'esprit ; tout passe devant lui, et nous croyons que c'est lui qui passe. (Rivarol.)

SAUTERELLES.

387. On compte dans le midi de la France deux espèces de sauterelles nuisibles aux produits du sol :

la *sautcrelle verte* et la *sauterelle à sabre*. Elles s'élancent au moyen de leurs pattes postérieures, et volent à de longues distances: elles se nourrissent d'herbes.

388. La *sauterelle verte* est la plus commune; elle a 6 centimètres de longueur, et ses élytres (ailes supérieures coriaces) sont d'un beau vert. Le mâle a sous les élytres une ouverture formée d'une membrane dans le genre de celle de la cigale, qui produit le bruit qu'elle fait entendre.

La *sauterelle à sabre* est moins longue et plus grosse que la *verte;* la tarière que la femelle porte sur la partie postérieure a la forme d'un sabre.

389. Les sauterelles sont dévorées par les dindons; c'est un des insectes qui, par leur abondance, réclament impérieusement la conservation des oiseaux, qui en sont friands.

QUESTIONNAIRE

387. Combien compte-t-on de sauterelles nuisibles dans le midi de la France ?

388. Quels sont les caractères de la sauterelle verte et de la sauterelle à sabre ?

389. Quels sont les moyens les plus efficaces pour détruire les sauterelles ?

PRÉCEPTES MORAUX

Il faut aimer tout le monde, mais converser peu. (Sainte Catherine.)

Le meilleur moyen de se défaire d'un ennemi est d'en faire un ami. (Henri IV.)

L'on est plus sociable et d'un meilleur commerce par le cœur que par l'esprit. (La Bruyère.)

CRIQUETS

390. Les criquets, comme les sauterelles, appartiennent à l'ordre des *orthoptères*. Ils sont connus plus généralement sous le nom de *sauterelles*. On compte trois espèces principales de cet insecte dévastateur : le criquet émigrant, le criquet stridule et le criquet moucheté.

391. Le *criquet émigrant* est de couleur vert foncé ; son corps a trois centimètres de longueur. Il voyage en grande troupe et fait des dégâts considérables.

Le *criquet stridule* est rougeâtre ; son corps est de la longueur de deux centimètres. Il est moins abondant que le précédent, mais tout aussi dévastateur.

Le *criquet moucheté* est grisâtre, tacheté de noir et vert en dessous ; il est très-commun, dans les luzernes surtout.

392. Les dindons, les canards et la plus grande partie des oiseaux carnassiers et granivores, em-

pêchent la multiplication des criquets ; néanmoins ils causent parfois des ravages considérables aux céréales, dans le midi de la France.

390. Combien y a-t-il d'espèces de criquets ?

391. Quels sont les caractères du criquet émigrant, du criquet stridule et du criquet moucheté ?

392. Quels sont les moyens de détruire les criquets ?

PRÉCEPTES MORAUX

Il faut, pour bien obéir, considérer que le supérieur tient la place de Dieu. (Saint Louis de Gonzague.)

La satisfaction que l'on tire de la vengeance ne dure qu'un moment, mais celle qu'on tire de la clémence est éternelle. (Henri IV.)

Le fruit du travail est le plus doux des plaisirs.

Le travail du corps délivre des peines d'esprit, et c'est ce qui rend les pauvres heureux. (Larochefoucault.)

LÉPIDOPTÈRES [1]

—

TEIGNES

393. La *teigne* est de l'ordre des lépidoptères,

[1] On appelle lépidoptères les insectes qui ont quatre ailes couvertes d'écailles tellement fines, qu'elles ressemblent à une poudre farineuse ; les papillons sont des lépidoptères.

très-rapprochée des papillons, ayant des habitudes
toute d'intérieur : elle dévore les étoffes, les fourrures et les céréales cn magasin. Les espèces les plus
communes dans le Midi sont au nombre de six.

394. La *teigne des grains* a les ailes supérieures
grises, tachées de brun, et les ailes inférieures noi-
râtres. Son corps a dix millimètres de longueur ;
elle est plus abondante à la fin de l'été. A l'état de
chenille ou larve, elle lie avec sa soie plusieurs
grains de blé et s'en forme un tuyau dont elle sort
pour ravager le grain ; elle occasionne de grands
ravages, soit sur les céréales en épis, soit après les
moissons.

395. La *teigne fripière,* plus petite que la précédente, vole souvent dans les appartements ; elle
est d'un gris argenté, le bord de ses ailes est frangé.
La larve a seize pattes ; elle fait un rouleau avec
l'étoffe qu'elle ronge, et y effectue ses métamorphoses.

La *teigne des pelleteries* est gris de plomb, elle a
les habitudes de la précédente. La larve est conforme à la précédente aussi, et elle vit dans les
fourrures.

396. La *teigne des tapissiers* a les ailes supérieures
brunes et jaunâtres sur les bords. Sa larve ronge les
étoffes de laine, creuse la partie du drap où elle a

pris sa demeure, d'où on ne peut l'expulser qu'en frottant avec vigueur.

La *teigne de la cire* a le corps cendré et les ailes brunes. A l'état de chenille, elle traverse les rayons de miel et décourage à tel point les abeilles, que bien souvent elles quittent leurs ruches.

397. Pour éviter les dégâts des teignes, on doit enfermer les habits et les étoffes dans un état de propreté convenable ; les bien envelopper d'une toile serrée, afin d'empêcher les papillons d'y déposer leurs œufs. L'esprit-de-vin, la térébenthine, le camphre, le tabac, sont des substances qui éloignent les teignes.

COSSUS

398. Les *cossus*, de la même famille que les teignes, font de grands ravages aux arbres, surtout celui appelé *gâte-bois*. Il attaque principalement les ormes, qu'il détruit bien souvent. Il fait aussi beaucoup de tort au chênes, aux saules et aux peupliers.

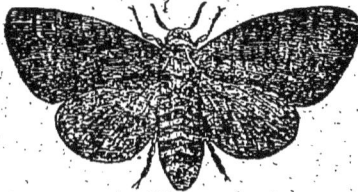

Fig. 53

399. Le papillon du *cossus gâte-bois* (fig. n° 53

a les ailes d'un gris foncé, avec des taches brunes et des lignes noires. Son corps a cinq centimètres de longueur et dix centimètres environ de largeur. La larve ou chenille (fig. n° 54) a 8 ou 9 centimètres de longueur. Son corps est aplati, luisant, rougeâtre, la tête noire; elle a seize pattes et une odeur désagréable. Les chenilles se logent entre l'aubier et l'écorce, qu'elles soulèvent; elles s'introduisent au moyen de leurs fortes mâchoires par la base de l'arbre, arrivent jusqu'au sommet du tronc et le font périr.

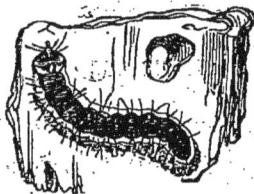

Fig. 54

400. Pour détruire le *cossus gâte-bois* ou *ronge-bois*, on propose : 1° d'introduire un crochet dans la galerie que la larve a faite entre l'écorce et le bois, d'en enlever la chenille et de fermer l'ouverture avec un corps gras ; 2° d'enlever toute l'écorce de la partie affectée et de la peindre avec une couche de goudron mêlée à de la poix noire ; 3° de surveiller les papillons des cossus qui sortent du

bois en juin, pendant une quinzaine de jours, de 8 heures du matin à 2 heures, et de les détruire.

393. Quels sont les caractères et les habitudes des teignes ?

394. Quelle est la conformation et quels sont les dégâts de la teignes de grains ?

395. Quelle est la conformation et quels sont les dégats de la teigne fripière et de la teigne des pelleteries ?

396. Quelle est la conformation et quels sont les dégâts de la teigne des tapissiers et de la teigne de la cire ?

397. Par quels moyens évite-t-on les dégâts des teignes ?

398. Quels sont les arbres que le cossus gâte-bois attaque ?

399. Quels sont les caractères du papillon et de la chenille du cossus, et comment exerce-t-il ses ravages ?

400. Quels sont les moyens de garantir les arbres des atteintes du cossus ronge-bois ?

PRÉCEPTES MORAUX

La douceur et l'affabilité sont agréables à tout le monde, et il n'est rien qui s'insinue plus facilement dans les esprits humains. (Saint Ambroise.)

Le temps use l'erreur et polit la vérité. (Lévis.)

Il n'y a pas de gens qui aient très-souvent tort, que ceux qui ne peuvent souffrir d'en avoir. (Larochefoucault.)

ACARUS

401. Le genre *acarus*, ou *mite*, est un des plus nombreux et des plus destructeurs ; les variétés qui portent l'atteinte la plus profonde aux intérêts de l'homme sont l'*acarus* ou *mite du blé*, l'*acarus de la farine*, l'*acarus du fromage*, l'*acarus du lait*. Il y a aussi l'*acarus de la gale*, ainsi qu'un *acarus* spécial à chaque espèce volatile.

402. Les *acarus*, ou *mites*, des poules, des moineaux, etc., qui existent en variétés distinctes pour chaque volatile, sont appelés vulgairement *pous*.

403. L'*acarus de la gale*, qui se loge dans chaque bouton de gale de la race ovine, est extrêmement petit, blanc, transparent ; il a le corps presque circulaire, et la surface raboteuse. Cet insecte est, sinon la cause première, au moins une des causes de cette détestable affection cutanée, qui attaque l'homme et tous les animaux.

Fig. 55

404. L'*acarus du blé* (fig. 55) est d'un blanc

pâle, tirant sur le brun; sa forme est ovale; il est très-petit, et a six pattes.

405. On se débarrasse difficilement de ces insectes; une grande propreté et beaucoup d'ordre évitent souvent des dégâts. Les odeurs fortes pour l'acarus du blé, telles que celle de goudron, dont on enduit les murs et le sol, peuvent les chasser, ce qui ne doit pas empêcher de ventiler souvent et énergiquement les blés.

Pour l'acarus de la gale, on emploie l'huile de cade, l'essence de térébenthine et le sulfure de potasse.

QUESTIONNAIRE

401. Quelles sont les variétés d'acarus les plus destructrices?

402. Quel est le nom vulgaire des acarus particuliers aux volatiles?

403. Quels sont les caractères de l'acarus de la gale?

404. Quels sont les caractères de l'acarus du blé?

405. Comment se débarrasse-t-on des acarus?

PRÉCEPTES MORAUX

La flatterie est une monnaie qui n'a cours que par notre vanité. (Larochefoucault.)

On a dit tout le mal qu'on peut dire d'un homme quand on l'a appelé ingrat.

Il n'est point d'ingrat qui ne meure enfin misérable.

Une injure qu'on méprise tombe d'elle-même ; si l'on s'en
fâche, on la fait valoir. (Tacite.)
Tout est perdu quand les méchants servent d'exemple, et
les bons de risée. (Pythagore.)

PYRALE

406. Il existe plusieurs espèces de *pyrale*, mais
celle qui fait le plus de ravage est la pyrale de la
vigne. Elle a quelque ressemblance avec la teigne
des appartements : ses ailes supérieures sont d'une
couleur vert foncé, avec bandes noires ; sa larve est
verte a la tête noire. Elle vit sur la vigne, dont
elle roule les feuilles.

407. Les principaux moyens de la détruire
sont : 1° de ramasser soigneusement les feuilles
dont la face supérieure porte des plaques d'œufs de
pyrale ; 2° de cueillir toutes les feuilles roulées dans
lesquelles la pyrale s'est logée à l'état de chrysalide
pour y déposer son cocon ; 3° d'allumer un grand
nombre de lampes au moment où la *pyrale* est à
l'état parfait de papillon ; elle vient brûler ses ailes
à la flamme ou les coller dans les soucoupes à
huile.

QUESTIONNAIRE

406. Combien existe-t-il d'espèces de pyrale, et quelle
est la plus dangereuse ?

407. Quels sont les moyens principaux de détruire la pyrale?

PRÉCEPTES MORAUX

Un jour passé dans la solitude vaut mieux que mille dans la cour. (Saint Pierre.)
La vérité se perd dans les discussions prolongées.
La délicatesse est la fleur de la vertu. (Livry.)
Malheur à la nation où les jeunes gens ont déjà les vices des vieillards, et où ceux-ci retiennent encore les travers de la jeunesse.
La vigilance est la mère de la prospérité, et Dieu ne refuse rien à l'industrie. (Franklin.)
La vertu seule ne meurt pas.

FOURMIS

408. Les *fourmis* sont des animaux non moins intelligents que les abeilles; elles vivent en société comme elles; il y a aussi chez elles des mâles, des femelles et des neutres, qui sont charretières chez les fourmis voyageuses, ouvrières chez les fourmis laborieuses, et soldats chez les fourmis militaires. Les neutres n'ont pas d'ailes. Elles se nourrissent principalement de fruits. Il y a un nombre considérable d'espèces, qui sont toutes plus ou moins nuisibles aux plantes. La fourmi noire est celle qui

occasionne le plus de ravage, au moyen des galeries qu'elle trace sous les racines des plantes.

409. On se débarrasse des fourmis : 1º avec l'eau bouillante ; 2º avec une forte décoction de tabac, de feuilles de noyer ou de rhue ; 3º avec un mélange de sucre et d'arsenic ; 4º avec des bouteilles ou des pots remplis à moitié d'eau et de miel ; 5º avec le goudron : l'odeur seule les fait fuir ; 6º avec l'eau de chaux. Pour les empêcher de monter sur les arbres, on entoure la base du tronc avec de la laine ou du coton imbibé de glu.

QUESTIONNAIRE

408. Quels sont les caractères des fourmis et leurs habitudes ?

409. Quels sont les moyens de détruire ou d'éloigner les fourmis ?

PRÉCEPTES MORAUX

Il est beaucoup meilleur et plus sûr d'obéir que de commander, d'écouter que de parler, et de recevoir des avis que d'en donner. (Gerson.)

Taire la vérité, c'est enfouir l'or.

Le chemin de la vertu, quelque pénible qu'il puisse paraitre, est le seul qui conduise au bonheur. (Benjamin Delessert.)

La vertu est plus puissante que l'argent et les pierreries.

—

PUCERONS

410. Les *pucerons* forment deux grandes divisions : les pucerons proprement dits, et les faux pucerons ou puces des arbres; ces derniers, par leurs piqûres, occasionnent des extravasations de sève. Il y a ensuite autant d'espèces de pucerons que d'espèces d'arbres. Ils exsudent de leur corps un liquide sucré qui est très-recherché par les fourmis.

411. Les moyens employés pour détruire les pucerons consistent : 1° à enlever à la main les grosses espèces; 2° à arroser les plantes avec des décoctions de tabac, de noyer, de jusquiame, de sureau; 3° à les saupoudrer avec de la fleur de chaux (chaux en poudre); 4° à les asperger avec le vinaigre et avec l'eau de savon; 5° à faire des fumigations de tabac; 6° à arroser avec de l'eau de chaux.

QUESTIONNAIRE

410. Combien y a-t-il de divisions de pucerons et combien d'espèces ?

411. Quels sont les moyens de détruire ou d'éloigner les pucerons ?

PRÉCEPTES MORAUX

Les soins qu'on prend pour soi-même sont toujours profitables.

La tempérance et la vertu rendent les hommes héros, et non les conquêtes et les succès. (Fénélon.)

Le plus grand des novateurs, c'est le temps. (Bacon.)

CHENILLES

412. La *chenille* est le premier état des lépidoptères, c'est-à-dire la forme qu'a le ver en sortant de l'œuf. Le corps des chenilles est composé, en général, de douze anneaux ; elles ont huit pattes au moins et seize au plus. Il en existe un grand nombre de variétés.

413. Les chenilles qui font le plus de ravages sont la chenille commune, la chenille à livrée, la chenille à oreilles, la chenille des grains, des fruits et des choux, qui donnent des papillons.

414. Pour détruire les chenilles, on emploie plusieurs moyens : 1° on échenille les arbres, on enlève les bourses et les œufs ; 2° on enfume les grands arbres avec de la paille ou du foin mouillé ou un peu de fleur de soufre ; 3° on tire au milieu

des arbres des coups de fusil chargés avec de la terre.

412. Quels sont les caractères des chenilles ?

413. Combien y a-t-il de sortes de chenilles parmi celles qui font le plus de ravages ?

414. Quels sont les moyens de détruire les chenilles ?

PRÉCEPTES MORAUX

Le défaut de soins nuit plus que le défaut de savoir.

L'œil du maître fait plus que ses deux mains. (Franklin.)

Plus la cuisine est grasse, plus le testament est maigre.
    (Franklin.)

Le peu de mal qu'on souffre n'est rien en comparaison du
    bien qu'on vous prépare. (Saint Pierre.)

Une injustice faite à un seul est une menace faite à tous.
    (Montesquieu.)

CULTURES DES PLANTES LES PLUS UTILES

---

415. Pour embrasser avec ordre toutes les plantes les plus utiles, cultivées notamment dans le Midi, nous les diviserons en sept classes :

1° Les céréales, 2° les plantes tuberculeuses, 3° les plantes textiles, 4° les plantes tinctoriales, 5° les plantes oléagineuses, 6° les plantes des prairies, 7° les plantes forestières.

CÉRÉALES

416. On compte deux espèces de céréales : les céréales graminées et les céréales légumineuses. Parmi les céréales graminées se trouvent le froment ou blé, l'orge, le seigle, l'avoine, le maïs, le millet et le sorgho. Parmi les céréales légumineuses : les fèves, les lentilles, les pois, les gesses, les haricots et les vesces.

CÉRÉALES GRAMINÉES

417. Les céréales graminées sont celles dont la tige se termine par un épi barbu ou non barbu, dont le grain renferme une farine particulièrement propre à la nourriture de l'homme.

FROMENT

Fig. 56   Fig. 57

418. Le froment commun, ou blé, offre un grand

nombre de variétés, que l'on divise en blés barbus (fig. 56), et blés sans barbe (fig. 57). Dans ces deux divisions, il y a aussi les blés d'hiver (qui se sèment avant l'hiver) et les blés de printemps (qui se sèment avant le printemps); les plus riches en produits, dans le Midi, sont ceux d'hiver. Le froment préfère les terrains argileux.

419. Les semailles d'hiver se font dans le courant d'octobre, sur un labour fait pendant l'été; elles ont lieu à la volée et en lignes. La quantité de semences est de 2 hectolitres par hectare à la volée; elles ne réclament que quelques hersages.

L'époque des moissons a lieu vers la fin de juin, quelques jours avant que le grain soit complétement mûr.

420. Les blés sont sujets à la *carie*, à la *rouille* et au *charbon*, espèces de champignons qui s'attachent à la plante et au grain et qui se multiplient à l'infini à la faveur de l'humidité et de la chaleur. Le moyen de les en préserver est de les soumettre à l'opération du *chaulage*, c'est-à-dire de les passer à la chaux vive.

421. Les blés barbus ont, en général, la tige plus forte que ceux sans barbe; ils sont moins exposés à verser et à être égrénés par les vents, et rarement atteints par la rouille. La qualité de leurs grains

est moins farineuse et de moins de valeur que le grain des blés sans barbe.

422. Les semailles de printemps ont lieu dans la première quinzaine de mars. Il faut 225 litres par hectare. Le terrain dans lequel on sème doit être mieux fumé que celui affecté aux semailles d'automne. Ces blés versent plus facilement que les blés d'hiver et sont plus sujets à être atteints par les maladies cryptogamiques (rouille, carie, charbon) que les semailles d'hiver.

SEIGLE

423. La culture du seigle est conforme à celle du froment; il y a aussi des seigles d'hiver, des seigles de printemps, et même d'été pour fourrage (seigle de Saint-Jean). Cette céréale a l'avantage sur le froment de donner un produit sur des terrains légers et élevés.

424. Les semailles d'hiver ont lieu dans la première quinzaine de septembre; celles de printemps vers les premiers jours de mars : elles ont lieu à la volée. La quantité de semence par hectare est la même que pour le froment, quoique le grain en soit plus petit. La récolte a lieu vers les premiers jours de juin.

ORGE

425. L'orge est, de toutes les céréales, celle qui mûrit le plus rapidement et qui est la moins sujette aux maladies. On peut en obtenir de bonnes récoltes sans beaucoup de culture. Son grain, réduit en farine, est un aliment abondant et salutaire à l'homme et aux animaux.

Les deux variétés les plus communes sont l'orge carrée (escourgeon), qui est la plus grosse, et l'orge à deux rangs (paumelle). La première est semée en automne, et la seconde au printemps. Il faut aux semailles de printemps le double de grains qu'à celles d'automne.

AVOINE

426. L'avoine (fig.58) est préférée à l'orge sous le rapport du rendement et sous celui du choix du terrain ; elle vient dans les sols secs et légers, dans lesquels l'orge ne prospère pas. Quand on la fume, c'est une des céréales qui donnent les plus fortes productions ; elle ne craint pas de verser, comme

Fig. 58

le froment. Il y a plusieurs variétés d'avoines : celle
d'hiver et celle de printemps.

427. Les semailles d'hiver ont lieu dans les mois
d'octobre et novembre, et celles de printemps dans
le mois de février. Il faut 225 fr. de semailles par

hectare ; elles ont lieu à la volée. Le grain est très-propice à la nourriture des chevaux notamment. Dans les contrées pauvres, l'homme s'en nourrit aussi ; on la fait alors gruer[1] et souvent torréfier[2].

428. La récolte de l'avoine a lieu dans le courant de juin ou juillet, suivant les époques des semailles. Sa paille est très-bonne pour la nourriture des bêtes de travail, lorsqu'on la mêle avec le foin ou la luzerne.

MAIS

429. Il n'y a qu'une espèce de maïs en Europe, qui se divise aujourd'hui en nombreuses variétés, dont les deux principales sont le maïs tardif ou grand maïs (appelé aussi blé d'Espagne, blé de Turquie, gros millet des Indes) et le maïs précoce ou petit maïs. Le maïs est originaire de l'Amérique méridionale ; le grand maïs s'élève de 1^m à $1^m,50$, suivant la nature du sol ; il préfère les sols sablonneux aux terres fortes.

430. Avant de semer le maïs, on donne deux labours : l'un avant l'hiver et l'autre au printemps.

---

[1] C'est-à-dire réduire en gruau.
[2] Brûler comme le café.

Les semailles ont lieu en août en lignes ; on donne des binages entre les lignes. La récolte a lieu en septembre pour le grand maïs, et en juillet pour le petit, lorsque les feuilles qui enveloppent l'épi sont sèches et que le grain est devenu très-solide.

431. La farine du maïs est bonne pour l'homme et les animaux ; les bractées, ou feuilles qui entourent l'épi, servent pour garnir les paillasses.

MILLET

432. Il y a plusieurs variétés de millet ; les plus usitées sont le millet d'Italie et le millet commun. Le millet d'Italie se distingue du millet commun par sa panicule (épi) agglomérée, et le plus souvent arquée (recourbée). Les graines sont petites et rondes ; on le laisse dans sa panicule pour le donner ainsi aux oiseaux.

433. Le millet commun a sa panicule très-lâche ; son grain est ovale et luisant. On le détache de sa panicule par les fléaux ou par les pieds des chevaux ; il sert de nourriture aux oiseaux, aux volailles et, dans quelques contrées, à l'homme. On le fait gruer, et après on le fait bouillir avec du lait ou du bouillon.

434. La culture a lieu sur un labour d'automne et un de printemps, sur une terre sablonneuse de préférence ; on le sème en ligne ou à la volée vers le mois d'avril, aussitôt que les gelées blanches ne sont plus à craindre. La récolte a lieu en août, suivant l'époque des semailles.

SORGHO

Fig. 59

435. On compte trois variétés principales de sor-

gho : celui à graines (sorgho à balais), celui à grain
noir (sorgho sucré) (fig. 59) et celui à grain blanc.
Les sorghos à grain roux et à grain noir ont une
tige de 1ᵐ,50 environ de hauteur; la panicule du
premier est légèrement recourbée et sert pour faire
des balais; celle du noir est érecte (droite) et ne
peut être utilisée que pour litière ou pour fourrage.
Les grains de l'une et de l'autre sont bon pour les
volailles et pour les chevaux, mulets, bœufs et
moutons.

436. On sème le sorgho sur deux labours,
comme le maïs; on le sème en ligne, si on le cultive pour le grain, et à la volée si l'on destine la
plante pour fourrage. La récolte a lieu en septembre pour graine, et pendant tout l'été et l'automne si c'est pour fourrage.

437. Le sorgho à grain blanc a la moitié moins
de hauteur que les deux précédents; il sert aussi
pour la nourriture de l'homme, après avoir été
grué, et mêlé à d'autres farines.

QUESTIONNAIRE

415. En combien de classes se divisent les plantes les
plus utiles ?

416. Combien compte-t-on d'espèces de céréales et de
variétés dans chaque espèce ?

417. Qu'entend-on par céréales graminées ?

418. Qu'est-ce que le froment, et combien y a-t-il de variétés ?

419. A quelle époque fait-on les semailles d'hiver et les moissons ?

420. Quelles sont les maladies auxquelles sont sujets les froments ?

421. Quelles sont les qualités des blés barbus ?

422. A quelle époque s'effectuent les semailles du printemps ?

423. Quelle est la culture du seigle ?

424. A quelle époque ont lieu les semailles de seigle d'hiver et de printemps ?

425. Quels sont les qualités de l'orge, sa culture et son emploi ?

426. Quelle est la valeur de l'avoine ?

427. A quelles époques ont lieu les semailles d'avoine et l'emploi du grain ?

428. A quelle époque a lieu la récolte de l'avoine et quel est l'emploi de la paille ?

429. Combien y a-t-il d'espèces de maïs et quelles sont ses principales variétés ?

430. Quel est le mode de culture du maïs et à quelle époque sa récolte ?

431. Quel est l'emploi de la farine de maïs et de ses bractées ?

432. Quelles sont les principales variétés du millet ?

433. Quel est l'emploi du millet commun ?

434. Quelle est la culture du millet ?

435. Combien compte-t-on de variétés de sorgho ?

436. Quel est le mode de culture du sorgho roux et noir ?

437. Quel est l'emploi du sorgho à grain blanc ?

PRÉCEPTES MORAUX

Celui qui ne pense à ses devoirs que lorsqu'on l'en avertit n'est digne d'aucune estime. (Plaute.)

L'emprunteur et le débiteur sont deux esclaves, l'un du prêteur, l'autre du créancier : ayez horreur de cette chaîne. (Franklin.)

Où règne l'amour de Dieu, il n'y a pas de place pour la haine du prochain.

Qui commande avec trop d'empire à ceux qui sont au-dessous de lui trouve souvent un maître qui lui commande de même.

Dans le doute, abstiens-toi. (Pythagore.)

RIZ

438. Le *riz* est une plante originaire des plages marécageuses des contrées chaudes de l'Amérique : il appartient à la famille des graminées. Il fait la base de la nourriture des habitants de l'Asie, d'une grande partie de l'Afrique, de l'Orient, et l'usage en est très-répandu dans toute l'Europe. Il y a de nombreuses variétés de riz : les plus cultivés sont le riz barbu vulgaire et le riz sans barbe. Le grain du premier est blanc, celui du second est grisâtre, et sa végétation plus précoce et plus robuste.

439. La culture du riz a lieu dans les sols ma-

récageux ou inondés, à la condition que l'eau qui couvre le sol ait toujours un courant. Pour créer une rizière, on laboure le sol pendant l'hiver; on le fume légèrement; on forme des carrés autour de petites digues, afin de pouvoir augmenter ou diminuer à volonté la quantité d'eau; on les remplit d'eau à la hauteur de $0^m,50$, et on sème à la volée. On sarcle les rizières et on les coupe à la faucille, vers les mois d'août ou de septembre.

SARRASIN

440. Le *sarrasin*, ou *blé noir*, est originaire d'Afrique; il s'est naturalisé parfaitement en France et même dans la Bretagne, où la farine de son grain forme la base de l'alimentation de cette province.

441. La culture du sarrasin a lieu depuis le mois d'avril jusqu'au mois de septembre, sur un sol labouré profondément et bien ameubli. Cette plante craint essentiellement le froid; elle a une végétation des plus rapides; le plus souvent, elle fleurit trois semaines après que la graine est semée, et la récolte se fait après soixante-cinq à soixante-dix jours.

CÉRÉALES LÉGUMINEUSES

442. Les céréales légumineuses sont celles dont les grains, quoique contenant beaucoup de principes nutritifs, sont impropres à faire du pain et sont renfermés dans des enveloppes appelées gousses. On les désigne généralement sous le nom de légumes. Les céréales qui font partie de cette division sont les fèves, les lentilles, les haricots, les pois, les pois-chiches et les vesces.

FÈVES

443. Le genre *fèves* présente plusieurs variétés, mais qui ne diffèrent que par la longueur de leurs gousses plus ou moins grosses. Elles sont veloutées en dessous; les graines sont comprimées et légèrement arquées. Elles forment un aliment substantiel pour les hommes et pour les animaux. Leur tige est ligneuse; elle forme un très-bon engrais. Les cosses sont recherchées par beaucoup d'animaux domestiques, surtout à l'état frais par les porcs, et à l'état sec par les moutons.

444. La culture de la fève est très-productive et très-utile au sol, en ce qu'elle tire de l'atmosphère une grande partie de ses principes nutritifs; elle réussit mieux dans un terrain argileux, frais, défoncé profondément et labouré pendant l'été. On la sème, dans le Midi, de novembre à février. Sa maturité est très-précoce.

LENTILLES

445. Il y a deux variétés bien distinctes de *lentilles*: la grosse et la petite. Les petites gousses n'ont que trois à cinq graines aplaties, bombées au milieu et amincies au bord. La couleur des graines des grosses lentilles est un peu plus claire, et le grain moins fin que celui des petites lentilles.

446. Les lentilles préfèrent un terrain graveleux. On les sème pendant l'hiver sur un sol défoncé, avant les gelées; elles ne craignent pas le froid, supportent facilement les chaleurs sur les terrains argileux, et demandent peu d'engrais. Leurs fanes, peu abondantes, sont excellentes pour la plupart des animaux.

HARICOTS

447. On cultive deux espèces de *haricots*: l'une

à rame élevée, dont la tige grimpante réclame des tuteurs, et l'autre naine, dont la tige ne s'élève pas. Le chaume de ces espèces renferme une multitude de variétés; l'une et l'autre sont très-productives et constituent la base de la nourriture des populations du Midi surtout. Cet aliment est très-nourrissant, économique et un de ceux qui conviennent à tous les goûts.

448. La culture du haricot a lieu de préférence sur les terrains meubles, sur défoncement d'hiver. Cette légumineuse est très-sensible au froid et réclame quelques irrigations dans les terres argileuses et les terrains sablonneux et secs; elle demande beaucoup d'engrais.

POIS

449. Il y a parmi les *pois*, qui possèdent aujourd'hui de nombreuses variétés, deux espèces distinctes, comme dans les haricots : les pois à rame et les pois nains, appelés petits pois ou pois sucrés.

Il y a plusieurs variétés de pois à rame, qui ont la gousse très-charnue et très-large, pourvue de peu de grains. On les mange en gousse, tandis que les gousses des nains n'ont de bon que le grain.

450. La culture des pois a lieu sur un terrain défoncé en automne et ameubli au printemps. On les fume et on doit les récolter sur les sols qui ont déjà donné une récolte après une fumure et qui n'ont pas contenu de pois depuis au moins quatre ans.

POIS-CHICHCES

451. Les *poids-chiches* (garvances ou céses) se distinguent facilement par leurs cosses courtes et renflées, et contenant de deux à trois grains. Leurs graines fournissent un aliment sain, agréable, et une purée supérieure même à celle des pois. Ce légume est très-recherché, surtout par les habitants des contrées méridionales.

452. Sa culture a lieu sur un terrain léger et graveleux; elle n'exige pas beaucoup d'engrais ni des défoncements profonds. En Espagne, d'où ce légume a été apporté, ainsi que dans toutes les contrées à température de l'oranger, on sème le pois-chiche en automne; dans le sud-est de la France, on le sème dans les premiers jours du printemps. Cette plante ne craint pas le froid.

VESCES

453. Les *vesces* ou pesettes présentent plusieurs

variétés, qui sont la vesce à grain noir et la vesce
à grain blanc; sa cosse est oblongue, comprimée;
ses grains nombreux et ronds. On l'utilise davantage en fourrage qu'en grain. Dans quelques contrées, on en mêle la farine à celle du blé pour faire
du pain. Le fourrage est excellent. La vesce noire,
notamment, est comprise parmi les semailles d'automne et d'hiver, et la blanche parmi les semailles
de printemps.

454. La vesce réclame un terrain de bonne qualité, argileux et humide, pour donner de bonnes
récoltes; elle vient pourtant dans tous les terrains
sur un labour d'été et un ameublissement d'automne pour celle d'hiver, et un labour d'automne
et un ameublissement de printemps pour celle de
printemps, dont la végétation est plus hâtive. Ce
fourrage ayant les tiges faibles, on sème souvent,
en même temps, quelques graines d'avoine et de
seigle.

QUESTIONNAIRE

442. Qu'entend-on par céréales légumineuses, et quelles
sont les plantes qui en font partie?

443. Comment distingue-t-on les fèves, et quelle est leur
utilité?

444. Quelle est la culture des fèves?

445. Y a-t-il plusieurs variétés de lentilles?

446. Quelle est la culture des lentilles?

447. Quelles sont les espèces de haricots les plus répandues?

448. Quel est le mode de culture des haricots?

449. Comment distingue-t-on les pois?

450. Quelle est la culture des pois?

451. Quels sont les caractères des pois-chiches?

452. Quels sont la culture et l'emploi des pois-chiches?

453. Comment distingue-t-on les vesces, et quel est leur emploi?

454. Quels soins et quelle culture applique-t-on à la vesce?

PRÉCEPTES MORAUX

Il y a deux sortes d'ostentation : une ostentation qui se montre en faisant étalage d'un rien, et une ostentation qui se cache en faisant mystère de tout. (Fontenelle.)

Un père et une mère sont naturellement nos premiers amis; ils sont les mortels auxquel nous devons le plus. (Silvio Pellico.)

Le patriotisme consiste à aider son pays de sa personne et de ses biens au delà de ce que les lois prescrivent, comme la bienfaisance consiste à dépasser ses devoirs envers les hommes. (Levis.)

La politesse est le partage de la haute civilisation et le plus fort lien de la sociabilité. (Alibert.)

—

PLANTES TUBERCULEUSES

—

POMMES DE TERRE

455. La *pomme de terre* est originaire du Pérou. Elle a été apportée en France par Parmentier ; elle fut acceptée en France dès le début avec peu d'empressement, mais elle est devenue la base de la nourriture du pauvre ; elle paraît aujourd'hui sur toutes les tables. Avant son introduction, les populations de l'Europe étaient affligées de famines presque périodiques. Les variétés de pommes de terre sont de plus en plus nombreuses ; on distingue pourtant, dans tous les centres agricoles, la pomme de terre à végétation ordinaire, qui reste cinq mois environ pour accomplir sa végétation, et la pomme de terre hâtive, qui l'accomplit en soixante-dix jours environ.

456. La culture de la pomme de terre a lieu dans les terrains plutôt légers que compactes. On prépare le sol comme pour les céréales ; mieux vaut y employer les fumiers vieux décomposés que les

fumiers frais. On les cultive en ligne, espacées de 0m,50 et à 0m,25 les unes des autres. On place à cette distance la pomme de terre entière, et non en morceaux, comme on le pratique dans beaucoup de contrées. On sème depuis février jusqu'en juin ; on les bine deux à trois fois. On les arrache lorsque les fanes se flétrissent.

CAROTTE

457. La *carotte* est une plante de nos prés qui, à l'état sauvage, a une racine de la grosseur d'une plume seulement, et qui, par la culture, a pris un développement considérable dans toutes ses parties. Elle a produit ensuite, par le moyen des semis, une quantité de variétés, dont les principales, pour la cuisine, sont la carotte longue jaune, la carotte rouge longue, la carotte courte jaune et la carotte rouge courte ; et, pour les bestiaux, la carotte blanche à collet vert, qui est aussi fort bonne pour l'homme.

458. On cultive la carotte dans un sol non compacte ni trop léger ; elle exige un défoncement profond, fait en été ou en automne, et un ameublissement au printemps ; elle ne craint pas le froid. On la sème de février jusqu'à juin ; en six mois elle prend son développement. Elle est bisannuelle

(elle vit deux ans). On la sème en lignes distancées de 0ᵐ,40 à 0ᵐ,50.

BETTERAVE

459. Les racines de betterave fournissent dans le midi de la France un aliment considérable à toutes les races d'animaux agricoles; elles donnent lieu, dans le Nord, à une industrie des plus importantes : celle de la fabrication du sucre. Ses débris servent à l'alimentation du bétail. On compte aujourd'hui un grand nombre de variétés de betteraves; celles qui prospèrent le plus dans le Midi sont la Lisette, la jaune d'Allemagne et la jaune Globb.

460. Le sol sur lequel on cultive la betterave ne doit pas être trop fumé, pour que la racine contienne davantage de parties sucrées. On la sème au printemps, dans les premiers jours de mars, sur un sol bien défoncé et bien ameubli, en lignes distancées de 0ᵐ,50, et les plants à 0ᵐ,25 l'un de l'autre. La récolte s'effectue en novembre. On la place dans des celliers, à l'abri des gelées, après avoir séparé chaque tubercule de son collet.

RAVE

461. La *rave* est cultivée comme plante potagère, principalement comme plante à fourrage ;

elle procure au bétail une nourriture pas aussi substantielle que la carotte et que la betterave, mais agréable et utile, surtout pour les races bovine et ovine. Elle offre aussi plusieurs variétés, qui se distinguent par la couleur et la grosseur du tubercule.

462. Sa culture a lieu sur un sol bien ameubli et tout à fait purgé de mauvaises herbes. Cette racine prospère quand elle est fumée fraîchement et abondamment. On la sème depuis juin jusqu'en août; on la cueille au fur et à mesure du besoin, pendant l'automne et même l'hiver. Un buttage suffit pour la préserver. On la sème en ligne et à la volée.

QUESTIONNAIRE

455. Quelle est l'origine de la pomme de terre, et quelles sont les variétés les plus distinctes?

456. Comment cultive-t-on la pomme de terre?

457. Quelles sont les variétés de carottes pour la cuisine et pour les bestiaux?

458. Quelle culture donne-t-on à la carotte?

459. Quel est l'usage de la betterave, et quelles sont les variétés qui prospèrent le mieux dans le Midi?

460. Quel est le mode de culture de la betterave?

461. Quels services rendent les raves à l'agriculture?

462. Quelle est la culture des raves?

PRÉCEPTES MORAUX

La probité est comme le sein de la mer: l'une rassemble toutes les rivières, et l'autre toutes les vertus pour en composer l'homme de bien. (Juvénal.)

La propreté est à l'égard du corps ce qu'est la décence dans les mœurs. (Bâcon.)

Celui qui commence une querelle est comme celui qui donne une ouverture à l'eau; abandonnez la dispute avant qu'elle ne s'engage. (Salomon.)

Il n'y a guère au monde un plus bel excès que celui de la reconnaissance. (La Bruyère.)

Il faut, pour rendre l'homme heureux, que la religion lui assure qu'il y a un Dieu, qu'on est obligé de l'aimer, que notre véritable félicité est d'être à lui, et notre unique mal d'être séparé de lui. (Pascal.)

PLANTES TEXTILES

463. On donne le nom de plantes textiles aux plantes qui produisent de la filasse, telles que le chanvre et le lin.

CHANVRE

464. Le *chanvre*, au lieu d'avoir les organes mâles et les femelles sur la même fleur ou sur la même plante, a les mâles sur une plante et les femelles sur l'autre (*Voyez* N°s 20 et 24, page 32). Sa tige produit la filasse dont on fabrique les toiles communes. On compte trois variétés : le chanvre commun, le chanvre de Piémont et le chanvre de Chine.

465. Le chanvre se plaît dans les pays chauds et humides ; il donne de bonnes récoltes dans les étangs desséchés ou dans les terrains bien ameublis et fortement fumés. On le sème aux mois d'avril ou de mai, à la volée. La vigueur de sa végétation étouffe les mauvaises herbes. Quand, après leur floraison, les plantes prennent une couleur jaune, on arrache les plants mâles, qui produisent la plus belle filasse ; les plantes femelles prennent alors plus de développement et donnent de la graine et de la filasse.

LIN

466. Le *lin* est la plante qui, par l'écorce de sa tige, donne la filasse la plus fine de toutes les plantes textiles, et dont on fait les toiles de toutes qualités. Il se plaît dans les climats tempérés, plutôt humides que secs. On compte plusieurs variétés. La plupart sont annuelles ; il y en a même de vivaces. Celles qu'on emploie sont le lin à fleur

blanche et le lin à fleur bleue. Cette dernière, qui est la plus usitée, possède deux variétés : l'une d'hiver et l'autre de printemps.

467. Le lin réussit parfaitement après une culture sarclée et fumée. On le sème au printemps ou en automne, après un labour ordinaire et un coup de herse. Le semis est fait à la volée ; il réclame des sarclages assidus ; il produit de la graine pour faire de l'huile et de la filasse.

QUESTIONNAIRE

463. Qu'entend-on par plantes textiles?

464. Quels sont les caractères particuliers et l'emploi du chanvre?

465. Quelle est la culture du chanvre?

466. Quels sont le mérite et les variétés les plus estimées du lin?

467. Comment cultive-t-on le lin?

PRÉCEPTES. MORAUX

Les services qu'on reçoit dans la détresse sont ceux qu'on oublie le moins.

On se réjouissait à ta naissance, et tu pleurais; vis de manière que tu puisses te réjouir au moment de ta mort et voir pleurer les autres. (Maxime orientale.)

Il vaut mieux n'avoir aucune idée de Dieu que d'en avoir une indigne de lui; l'un n'étant qu'ignorance et in-

crédulité, au lieu que l'autre est injure et impiété.
(Bâcon.)

Lorsque *vous travaillez pour les autres, travaillez avec la
même ardeur que si vous travailliez pour vous-même;
votre fatigue sera moindre.*

PLANTES TINCTORIALES

—

GARANCE

468. On appelle plantes tinctoriales celles qui
fournissent des parties colorantes propres à la teinture.

469. La *garance* est une plante vivace par la
racine, et dont la tige meurt chaque année. On la
cultive pour les racines, qui renferment une matière colorante rouge, dont la consommation augmente tous les jours.

470. On cultive la garance par semis et par
plantation. Les terrains d'alluvion paludéens,
marneux, argilo-calcaires, conviennent à cette
rubiacée. On la sème en planches de trois à cinq
lignes, distancées de 0m,20 environ. Elle reste en
terre deux ou trois ans, suivant la nature du sol.

Pendant la première année surtout, des sarclages fréquents sont indispensables. Quand on la cultive par planture ou plantation, on doit être pourvu de plants d'un an, que l'on a semés épais en pépinière.

GAUDE

471. La *gaude* est une variété de réséda qui fournit une teinture jaune très-recherchée; c'est une plante bisannuelle. On la sème en automne ou au printemps. Celle qui est semée en septembre, en ligne, dans un sol léger, réussit le mieux dans le Midi. Sa récolte a lieu vers le mois de juin, aussitôt que ses tiges ont pris une couleur jaune dorée.

PASTEL

472. Le *pastel* n'est pas cultivé dans le midi de la France; on en trouve quelques champs en Italie. Cette plante, bisannuelle, produit de l'indigo par ses feuilles. On la sème, à la volée ou en ligne, en automne ou au printemps, vers le mois de juin. On coupe les feuilles quand elles commencent à jaunir; on fait une seconde récolte de feuilles en automne.

QUESTIONNAIRE

468. Qu'entend-on par plantes tinctoriales?

469. Qu'est-ce que la garance?

470. Comment cultive-t-on la garance?

471. Qu'est-ce que la gaude, et comment la cultive-t-on?

472. Qu'est-ce que le pastel, et comment le cultive-t-on?

PRÉCEPTES MORAUX

*La vérité est l'éternelle compagne de la justice ; c'est une
mère tendre qui ne se sépare jamais de sa fille.*
(LIVRY.)

*Celui qui cache ses crimes ne réussira point ; mais celui qui
les confesse et qui s'en repend obtiendra miséricorde.*
(SALOMON.)

*Un morceau de pain sec où il y a la paix vaut mieux
qu'une maison remplie de viande apprêtée où il y a
des querelles.* (SALOMON.)

PLANTES OLÉAGINEUSES

473. On appelle oléagineuses les plantes dont les
graines contiennent de l'huile. On cultive, notamment dans le Midi, l'arachide, le colza, la cameline, le madia, le pavot et le ricin.

ARACHIDES

474. L'arachide, ou pistache de terre, est ori-

ginaire du Mexique. Elle est cultivée principalement en Espagne et dans quelques parties de l'Italie. On en a fait quelques essais dans le midi de la France. Sa graine produit une huile très-douce, bonne à manger. Sa tige est agréable au bétail ; sa racine a le goût du réglisse.

475. On sème l'arachide au plantoir, en lignes espacées à $0^m,35$, en tous sens, dans un sol bien préparé, riche et humide. On les plante en avril. On fait quelques binages ; on butte les plantes très-fortement quand les fleurs paraissent, et on renouvelle cette opération toutes les fois qu'il en paraît de nouveau. La gousse se forme ainsi sous terre. On la récolte en septembre, quand la plante jaunit.

COLZA

476. Le colza, de la famille des choux, est une plante bisannuelle, dont la graine produit de l'huile. On le sème en automne et au printemps, à la volée et en ligne, sur un terrain bien ameubli.

477. La culture en ligne et binée est préférable pour le sol et pour le produit. Dans le Midi, les semis à la volée faits en automne réussissent mieux que ceux de printemps. Si l'on cultive en ligne, on

doit semer en pépinière, en juillet, et repiquer en septembre.

CAMELINE

478. La cameline, ou camomille, est la plante oléagineuse qui supporte le mieux les terrains légers et secs. On la sème au printemps à la volée, à raison de cinq kilog. par hectare, sur un labourage ordinaire ameubli. On la récolte quand les pétales jaunissent, en prenant des précautions pour qu'elles ne s'égrènent pas.

MADIA

479. Le *madia*, originaire du Chili, fournit par sa graine une huile bonne à manger. Il se sème à la volée, de mars en mai, dans un terrain de bonne qualité, bien préparé, propre, et de nature humide. Il faut 15 kilog. de semence par hectare. On en fait la récolte quand les graines prennent une couleur grise.

PAVOT

480. Le *pavot* ou *œillette* est cultivé en vue de l'huile de bonne qualité que contiennent ses graines. Dans le Midi, on peut le semer à la volée en sep-

tembre, sur un sol bien préparé et bien ameubli, à raison de 2 kilog. par hectare de semence. Au printemps, on éclaircit les plantes à 0^m,20; on les bine, et, en septembre, on les arrache pour les faire sécher promptement en les plaçant bien droits.

RICIN

481. Le *ricin*, ou *palma-Christi*, est cultivé en Italie et dans le midi de la France. Il y a plusieurs variétés; celui dont les graines sont les plus riches en huile est le ricin commun. Son huile est purgative.

482. La terre sur laquelle on sème le ricin doit être bien soigneusement ameublie par les labours. On le sème en lignes espacées à 0^m,80, en tous sens. On plante deux à trois graines au plantoir; on n'en laisse qu'une quand elles ont bien poussé. On les bine et on récolte la graine en septembre. Les tourteaux de ricin sont un très-bon engrais.

QUESTIONNAIRE

473. Qu'entend-on par plantes oléagineuses?
474. Comment distingue-t-on l'arachide?
475. Quelle est la culture de l'arachide?
476. Qu'est-ce que le colza, et comment le sème-t-on

477. Quel est le mode de culture préférable?

478. Qu'est-ce que la cameline, et quelle est sa culture?

479. Quelle est l'origine du madia et quelle est sa culture?

480. Quel est la culture du pavot et quel est son produit?

481. Dans quel pays se cultive le ricin?

482. Quel est le mode de culture du ricin?

PRÉCEPTES MORAUX

J'aime mieux ma famille que moi-même, j'aime mieux ma patrie que ma famille, mais j'aime encore mieux le genre humain que ma patrie. (Fénélon.)

Examine bien si ce que tu promets est juste, et si tu peux le tenir ; la promesse faite ne doit pas être révoquée.

Les enfants et les fous s'imaginent que vingt livres et vingt ans ne peuvent jamais s'user. (Franklin.)

Il ne faut jamais se fier à ceux qui manquent de probité, quelque talent qu'ils puissent avoir. (Washington.)

PRAIRIES NATURELLES

483. On appelle *prairies naturelles* les terrains consacrés à la production du fourrage sans avoir reçu ni labour ni ensemencement. Beaucoup de terrains délaissés sans culture pendant une ou plusieurs années se garnissent spontanément de plantes fourragères et se forment en prairie. Dans la plupart des cas, on crée des prairies naturelles sur des

labours, nivellements, ameublissements du sol et ensemencements, au printemps ou plutôt en automne. On qualifie les prairies naturelles de *perpétuelles*, de *permanentes* et de *vivaces*.

484. Les plantes dont on forme les prairies perpétuelles sont principalement les graminées et les légumineuses, pour les terrains arrosés de nature ni trop humide, ni trop sèche. Telles sont, parmi les graminées : le fromental, la dactyle, la fétuque, la flouve odorante, la houque laineuse, et, parmi les légumineuses, la vesce, la trèfle vivace, etc.

485. Il y a aussi des plantes qui végètent plus particulièrement dans les terrains naturellement humides, d'autres dans les terrains secs; c'est donc des terrains que l'agriculteur praticien doit avoir connaissance pour voir prospérer ses ensemencements, même dans les terrains les plus ingrats. (*Voir* notre *Cours d'agriculture pratique* pour l'exposition de cette importante partie de la science agronomique.)

QUESTIONNAIRE

483. Qu'entend-on par prairies naturelles, et comment les dénomme-t-on ?

484. Quelles sont les plantes dont on forme principalement les prairies permanentes ?

485. Toutes les plantes fourragères peuvent-elles prospérer dans tous les terrains ?

PRÉCEPTES MORAUX

Les deux seuls malheurs véritables sont la perte de l'objet qu'on aime le plus et la perte du repos de sa conscience. Le Ciel a chargé le temps d'adoucir l'une, et le repentir de réparer l'autre. (Ségur.)

Bien des gens épuisent leur fonds philosophique en conseils pour leurs amis, et en demeurent dépourvus pour eux-mêmes.

L'on n'est estimable que par le cœur, et l'on n'est heureux que par lui; car notre bonheur ne dépend que de la manière de sentir. (Pascal.)

On n'est pas homme quand on se laisse dominer par la colère.

Quel est le souverain bien? Une conscience qui n'a rien à se reprocher. (Bias.)

PRAIRIES ARTIFICIELLES

486. Les *prairies artificielles* ou *temporaires* sont celles que l'on forme avec une ou plusieurs plantes destinées à être défoncées après quelques années d'existence. Ces sortes de cultures procurent une abondante nourriture aux bestiaux, et rendent fécondes les terres épuisées; la plus grande partie des

plantes qui les composent font partie des papilionacés.

487. Les plantes qui sont le plus avantageusement cultivées dans le Midi, en prairies temporaires, sont les luzernes, les trèfles, les sainfoins, les vesces; et, parmi celles qui sont moins avantageuses et qui améliorent moins le sol, on compte le ray-grass, la pimprenelle, la chicorée, le moha, le seigle, la spergule.

PLANTES LES PLUS AMÉLIORANTES DES PRAIRIES TEMPORAIRES

LUZERNE

488. Il y a plusieurs variétés de *luzerne* vivaces et annuelles, mais celle à laquelle on doit s'attacher le plus est la *luzerne cultivée,* à fleur bleue, qui est, sans contredit, la plante qui produit un des meilleurs fourrages et un des plus abondants; elle vit plusieurs années dans le même sol, à l'exception des terrains humides, dans lesquels sa ra-

cine se pourrit. Dans les terrains profonds, elle vit et prospère en moyenne pendant six ans.

489. Tous les terrains conviennent à la luzerne ; quand on peut l'arroser à volonté, elle produit quatre à six coupes, suivant le sol et l'exposition ; de profonds labours doivent la précéder. On la sème habituellement en octobre ou en mars, dans une céréale dont les tiges protégent la sortie. Elle pousse de longues racines, qui permettent la culture dans des terrains non arrosés, mais à la condition qu'on les hersera à toutes les coupes.

TRÈFLE

490. On compte aussi plusieurs variétés de trèfle, mais on donne généralement la préférence au *trèfle rouge,* dit *grand trèfle,* qui donne un fourrage abondant et de première qualité. Cette plante est bisannuelle ; elle vient dans tous les terrains bien préparés et ne craint pas autant les sols humides que la luzerne.

491. On sème le trèfle rouge en automne et au printemps, mais plus avantageusement au printemps, sur un sol qui aura reçu deux ou trois la-

bours et deux ou trois hersages. Les semailles se font à la volée, sur laquelle on passe un léger coup de herse. Cette plante produit deux récoltes, dont une en fourrage et la seconde en grains.

SAINFOIN

492. Le *sainfoin,* ou l'*esparcette,* réussit dans toutes sortes de terrains, mais ceux dans lesquels il donne les produits les plus considérables sont les terrains légers et frais. La variété acceptée comme la meilleure a la tige élevée, surmontée d'une fleur rose; il y a une autre variété de sainfoin rouge, dont le fourrage est moins bon et moins abondant.

493. On sème l'esparcette sur les sols légers et même caillouteux, après qu'on les a labourés en automne à plusieurs reprises. On les sème aussi dans les céréales, soit en automne, soit au printemps.

Le sainfoin vit deux ans; il bonifie considérablement le sol sur lequel il est cultivé.

VESCES

494. La *vesce* ou *pesette* a plusieurs variétés. On en trouve de vivaces; mais elle est rare dans le

commerce. En général, on ne cultive que la vesce à grain noir et la vesce à grain blanc. La première est semée en automne sur un labour d'été, mêlée à une certaine quantité de grains d'avoine pour la tenir droite; la seconde est blanche. On la sème au printemps à la volée, après deux labours et deux bons hersages. Les vesces noire et blanche sont annuelles.

QUESTIONNAIRE

486. De quoi se composent les prairies artificielles?

487. Quelles sont les plantes qui sont les plus avantageusement affectées dans le Midi aux cultures artificielles, et celles qui le sont le moins?

488. Qu'est-ce que la luzerne?

489. Quels sont les terrains convenables à la luzerne et quelle est sa culture?

490. Quelles sont les qualités qui distinguent le trèfle?

491. Comment sème-t-on le trèfle?

492. Quels sont les terrains qui conviennent au sainfoin?

493. Quel est le mode de culture du sainfoin?

494. Y a-t-il plusieurs variétés de vesces, et comment les cultive-t-on?

PRÉCEPTES MORAUX

Une considération bien acquise est un bouclier sur lequel s'émoussent tous les traits de l'envie et de la fureur.
(Alibert.)

Il n'y a pas d'homme qui n'ait de défaut; le meilleur est celui qui en a le moins. (Horace.)

Les réflexions, les connaissances, la philosophie, plus encore la voix d'une conscience pure, rendent courageux dans le malheur.

PLANTES LES MOINS AMÉLIORANTES POUR PRAIRIES ARTIFICIELLES

—

RAY-GRASS

495. Le *ray-grass* ou *ivraie* renferme plusieurs variétés. Les plus usitées et les plus précieuses sont l'ivraie vivace ou raÿ-grass anglais et le ray-grass d'Italie. Elles végètent toutes les deux sur un simple labour. On les mélange bien souvent dans les cultures du trèfle rouge, pour obtenir un bon fourrage.

496. On sème le ray-grass aux mois de septembre ou de mars, à la volée; quelques agriculteurs le sèment sur les céréales, pour avoir un pâturage après les moissons. Le ray-grass d'Italie donne un fourrage plus élevé; quoique vivace, il ne produit que pendant deux à trois ans. Il épuise le sol.

PIMPRENELLE

497. La *pimprenelle* croît naturellement dans les terrains sablonneux et sur les mauvaises terres. Le grand mérite de cette plante est de fournir un bon pâturage pour la race ovine, sur des terrains pauvres. On la sème au printemps et mieux encore en automne, à la volée, après un labour et un hersage.

CHICORÉE SAUVAGE

498. La *chicorée sauvage* fournit un fourrage abondant pour les vaches. Elles la préfèrent à l'état vert. Quand on la destine pour fourrage sec, on doit la faucher avant que la tige soit faite; elle serait alors trop dure. On la cultive dans toutes les qualités de terre; elle préfère la terre forte et donne de bons produits mêlée avec le trèfle rouge. On la sème à la volée au printemps et de préférence en septembre, sur un labour et un ou deux hersages.

MOHA

499. La plante du *moha de Hongrie* a quelque

ressemblance avec celle du millet rond. Ses tiges
sont plus fines, plus nombreuses et plus feuillées.
Ce fourrage est très-apprécié pour les chevaux, les
bœufs et les moutons. On le sème à la volée dans
tous les terrains, depuis le mois de mai jusqu'au
mois de juillet, sur un bon labour bien ameubli.
Il ne craint pas la sécheresse. On donne ce fourrage
au bétail à l'état sec et à l'état frais.

SEIGLE

500. Il y a plusieurs variétés de *seigle*, mais il
n'y a de bien distinct que le seigle commun, qui
se sème en septembre et en mars, et le seigle de la
Saint-Jean, qu'on sème en juin.

Le seigle est cultivé pour le grain et même pour
fourrage. Pour ce dernier emploi, on le coupe au
moment de sa floraison; on le donne au bétail de
préférence à l'état vert.

501. On sème le seigle pour fourrage, au mois
de septembre pour les pressants besoins d'avril; en
mars, pour la consommation de juin et juillet, et
au commencement de juin pour celle de septembre
et octobre. Pour cette dernière, on doit faire
usage du seigle de la Saint-Jean. On peut, après
l'avoir fauché en septembre ou octobre, le livrer

pour pâturage d'hiver, ensuite le laisser grainer pour la saison suivante. On sème le seigle sur terrains légers et sur un labour bien émietté.

SPERGULE

502. La *spergule* est un fourrage annuel qui convient tout particulièrement aux vaches. Elle exige un terrain sablonneux frais. On la sème à la volée au printemps sur un labour ordinaire, ainsi que sur les chaumes lorsqu'on peut disposer de l'eau à volonté.

QUESTIONNAIRE

495. Quelles sont les variétés d'ivraie les plus avantageuses ?

496. Comment se font les semailles de ray-grass ?

497. Dans quels terrains prospère la pimprenelle ?

498. Dans quels terrains sème-t-on la chicorée sauvage, et comment la cultive-t-on ?

499. Qu'est-ce que le moha, et quelle culture lui donne-t-on ?

500. Y a-t-il plusieurs variétés de seigle, et quand le sème-t-on ?

501. A quelles époques sème-t-on le seigle pour fourrage ?

502. Qu'est-ce que la spergule, et comment la sème-t-on ?

PRÉCEPTES MORAUX

N'écrivez jamais dans l'émotion de la colère : un coup de

*langue est souvent plus dangereux qu'un coup de
lance ; que sera-ce d'un coup de plume ?
Les plus honnêtes gens sont souvent ceux dont la réputation
est le plus en butte aux traits de la calomnie, comme
les meilleurs fruits sont ceux qui ont été becquetés
par les oiseaux et rongés par les vers. (Pope.)*

PLANTES FORESTIÈRES

503. Pour créer une forêt ou un bosquet, il convient de faire des semis sur place, qui, exécutés avec soin, réussissent beaucoup mieux que les plantations. Le terrain doit être labouré profondément, et les semis faits en ligne, en automne de préférence au printemps. On les bine et on les éclaircit à mesure que les plants grossissent. On peut repiquer les plants à la fin d'octobre, dans les vides que présenteraient les lignes.

504. Parmi les arbres qui sont employés pour boiser, les plus utiles et ceux qui résistent le plus à l'action de l'air sont, dans l'ordre de mérite : le chêne, l'acacia, le châtaignier, l'orme, le frêne, le pin, le sapin, le mélèze, le hêtre, le charme, l'érable, le platane, le noyer, l'alisier, l'aune, le bouleau, le peuplier et le saule.

CHÊNE

505. Le *chêne* semé par graines s'accommode de tous les terrains. Il préfère pourtant les sols un peu compactes et profonds. Pour bois de construction et de chauffage, il tient le premier rang. Son écorce est employée pour le tannage des cuirs. Les chênes élevés isolément ont le bois plus dur que ceux élevés dans les forêts.

506. Les semis en place sont surtout utiles pour le chêne, dont la racine est pivotante (en forme de pivot). On le sème sur un labour profond, dans des rigoles de 8 à 10 centimètres, à un mètre de distance, et les glands espacés entre eux de 10 à 12 centimètres.

Lorsqu'on se sert de plants au lieu de graines, on doit les choisir de trois à quatre ans et les espacer à 1m,50 au carré, après avoir rabattu les tiges à trois ou quatre bourgeons au-dessus du collet.

ACACIA

507. Il y a un grand nombre de variétés d'*acacia*. Le plus répandu est l'acacia commun (*acacia blanc*).

Les plantations d'*acacia commun* ont été jusqu'à aujourd'hui restreintes aux bosquets d'agrément et aux taillis. C'est un des meilleurs bois de construction et de charronnage, soit en plein air, soit exposé à l'humidité. On s'en sert tout particulièrement pour construire des instruments aratoires, ainsi que des échelles, cercles et palissades qui durent longtemps.

508. On multiplie l'acacia par graines et par drageons. Il vient toujours beaucoup plus beau par le premier moyen. La plantation ne convient que lorsqu'on veut en faire des allées, haies et taillis. On le sème au printemps, en lignes comme le chêne, mais à une profondeur de $0^m,05$ à $0^m,07$, sur un terrain léger, sablonneux et bien travaillé.

CHATAIGNIER

509. Le *châtaignier* croît dans tous les sols, mais de préférence sur ceux qui sont sablonneux et profonds. Il aime la colline, lors même qu'il y trouve des cailloux. Sa croissance est rapide, et il vit très-longtemps. Son bois est moins dur que celui du chêne; mais il résiste mieux à l'humidité. Il sert pour la teinture en noir et pour faire des cercles et des échelles.

510. La culture du châtaignier est conforme à celle du chêne. Il craint, ainsi que le chêne, d'être transplanté; mais il vaut toujours mieux le semer et le tenir biné pour sa bonne venue. Les châtaigniers, cultivés pour du fruit, doivent être greffés en fente et pendant qu'ils sont jeunes.

ORME

511. L'*orme* a deux variétés distinctes : celui à petites feuilles et celui à grandes feuilles. Ce dernier végète plus activement; l'un et l'autre viennent dans tous les terrains, mais principalement dans les sols substantiels. Le bois de l'orme est très-bon pour le charronnage et pour les instruments agricoles, surtout celui de l'orme à larges feuilles, qui contient beaucoup moins de nœuds.

512. L'orme se multiplie par semis et par drageons. Les semis ont lieu en pépinière, dès que la graine tombe de l'arbre, vers la fin de mars. On les recouvre très-peu, on les éclaircit, on les bine et on les soigne comme tout autre arbre en pépinière.

FRÊNE

513. Le *frêne* a une végétation très-active, mais il aime les terrains frais et substantiels. On le cul-

tive comme l'orme, en avenue et en massif, et on le multiplie par drageons et par semis, qui s'effectuent en pépinières ; on les éclaircit, on les bine, on les repique à la seconde année, pour les enlever en arbre à leur troisième ou quatrième année.

PINS

514. Les *pins* sont classés parmi les arbres résineux ; ils ont la feuille persistante, et ne supportent la plantation qu'avec une motte. Les espèces de pins les plus communes dans le Midi sont : le *pin sylvestre* ou *pin de Russie*, le *pin maritime* ou *pin des landes*, le *pin d'Alep* ou *de Jérusalem*, le *pin de Riga*, le *pin pignon* et le *pin laricio*. Les deux premières espèces réussissent dans les terrains les plus ingrats ; les autres viennent bien aussi dans les sols sablonneux.

515. Les semis de pins se font dans la grande culture, sur un terrain défoncé et dans un champ de céréales. On le sème avant l'hiver ou au printemps, sur les semailles de blé, et on donne un coup de herse ; l'ombrage des céréales les protége contre l'ardeur du soleil. Pour les semis, on les fait en planches ; on les bine, on les éclaircit et on les repique en place à un ou deux ans au plus, avec une petite motte.

SAPIN

516. On distingue deux sortes principales de *sapin*, celui appelé *sapin élevé* ou *sapin des Alpes*, et le *sapin en peigne* ou *sapin blanc*. Le bois du sapin est plus lourd que celui du pin; il est liant et très-propre à faire du bois de charpente. La culture du sapin est semblable à celle du pin.

MÉLÈZE

517. Le *mélèze* est un des arbres résineux les plus estimés et les plus robustes; ses feuilles tombent en hiver, et sa transplantation peut avoir lieu même à deux ou trois ans, sans motte. Il aime les sols profonds, sablonneux et frais. Le bois de mélèze est un des meilleurs bois; il est très-dur, il résiste à l'air et à l'eau, et est très-bon pour le chauffage. Sa culture en pépinière est semblable à celles du pin et du sapin.

HÊTRE

518. Le *hêtre* est un des plus beaux arbres forestiers; il vient dans tous les terrains secs et

sablonneux, mais il préfère les terres riches. Son bois est dur, ses tiges latérales, ses feuilles coriaces, élégantes; son fruit produit l'huile de hêtre. C'est un des bois les plus estimés pour les instruments, pour le chauffage et pour la confection du charbon.

519. On sème le hêtre en place ou en pépinière, dès le commencement de l'automne ou du printemps, à une profondeur de $0^m,10$ à $0^m,12$, sur un sol labouré et bien ameubli.

CHARME

520. On trouve encore dans les vieux parcs des allées en voûte, des abris et des murailles en *charme*, que l'on désigne encore sous le nom de charmilles. La végétation de cet arbre est lente; on emploie son bois pour le chauffage et pour les formes de souliers et de bottes.

521. La multiplication du charme a lieu par semis et par drageons que l'on élève en pépinière, et qu'on repique à $0^m,40$ ou $0^m,50$ de distance, comme les autres arbres de force moyenne.

ÉRABLE

522. Il y a plusieurs espèces d'*érable*. Les plus

communs sont l'érable sycomore, l'érable champêtre, l'érable platane et l'érable de Tartarie. Plusieurs ont une végétation considérable et un port élégant. Le bois d'érable a l'avantage de ne pas se tourmenter à l'air, de prendre un beau poli.

On multiplie l'érable par semis et par rejetons ; il aime un sol frais, léger et de bonne qualité.

PLATANE

523. Il y a plusieurs variétés de *platanes* ; celui d'Occident et celui d'Orient sont les seuls usités. Il y a peu de différence entre eux : celui d'Occident a les feuilles plus grandes, et son écorce ne s'enlève pas ; sa végétation n'est pas aussi remarquable que celle du platane d'Orient, qui est le plus bel arbre et le plus robuste du Midi.

524. Le bois de platane est employé pour la charpente, l'ébénisterie, la menuiserie et le chauffage. On le multiplie par semis, par rejetons et par boutures en pépinière ; il ne prend son développement que dans les terrains frais et riches.

NOYER

525. Il existe plusieurs espèces de *noyer* ; le plus

répandu est le noyer commun, qui nous est arrivé de la Perse. Son fruit sert d'aliment, et on en retire une huile qui, fabriquée à froid, est bonne à manger. Le fruit du noyer, à l'état jeune et tendre, est mangé sous le nom de *cerneau*. Son bois est de très-bonne qualité pour la menuiserie et l'ébénisterie. L'écorce de la noix, appelée *brou*, est employée en teinture.

526. On cultive le noyer par graines en pépinière. Le noyer vient dans les terrains sablonneux, argilo-sablonneux et caillouteux, mais humides. Généralement on greffe le noyer, non-seulement pour obtenir de plus belles noix, mais pour assurer la fructification en retardant la végétation par ce moyen.

AUNE

527. L'*aune commun*, ou *vergne*, est d'une végétation très-rapide quand il est au bord de l'eau. On exploite avantageusement son bois tendre et rougeâtre pour faire des sabots, des échelles, des chaises, des cercles, des fourches.

On le multiplie par graines, par boutures et par marcottes.

BOULEAU

528. Le *bouleau commun* (bois à balais) réussit

sur toutes les natures de sol, humides ou secs. On l'emploie avantageusement en taillis; son bois sert pour la charpente, pour faire des sabots, et les petites branches pour faire des balais.

On le multiplie par graines semées dans un lieu abrité et frais.

PEUPLIER

529. Les *peupliers* sont les arbres qui, dans un terrain humide et substantiel, surpassent tous les autres par la rapidité de leur croissance. Les variétés en sont très-nombreuses. Le peuplier d'Italie, qui borde les routes, les rivières et les fossés d'irrigation, s'élève en forme de pyramide à une hauteur prodigieuse, et fournit beaucoup de branches, dont la feuille est très-recherchée, par les moutons surtout. Les peupliers *tremble, blanc, noir* et *de Virginie,* végètent assez vigoureusement sur les hauteurs.

530. Le bois de tous les peupliers est léger et pourrit facilement à l'air et à l'humidité. On en fait des charpentes et des panneaux.

On les multiplie par boutures et par drageons, que l'on élève en pépinière; on les multiplie aussi en place, au moyen de tiges de 2^m à 3^m de longueur, qu'on fixe en terre.

SAULE

531. Il y a de nombreuses variétés de *saules;* celui qui est le plus utilisé est le *saule blanc*. Il est d'une végétation des plus rapides. Pour en retirer plus facilement un produit plus considérable, on l'étête à la hauteur de 2ᵐ environ, et on le taille, tous les deux à trois ans, à cette hauteur. Les rameaux sont mis en réserve pour nourrir les moutons. Son bois sert à faire des plateaux; son écorce et même son bois trouvent un emploi important dans la fabrication du papier.

532. Le saule se plaît dans les terrains humides et les sols d'alluvion. On le multiplie par boutures, drageons et pépinières; on fait aussi en place des boutures de tige de 2ᵐ à 3ᵐ, qu'on enterre à 0ᵐ,50 de profondeur.

QUESTIONNAIRE

503. Quelles sont les conditions utiles pour la création d'une forêt ou d'un parc?

504. Quels sont les arbres les plus utiles à la formation d'un bois?

505. Quelles sont les qualités du chêne?

506. Comment se font les semis de chêne, ainsi que les plantations?

507. Quelle est la valeur de l'acacia commun?

508. Comment multiplie-t-on l'acacia ?

509. Quelles sont les terres que préfère le noyer, et quel est son emploi ?

510. Quel est le mode de culture du châtaignier, et comment le greffe-t-on ?

511. Y a-t-il plusieurs variétés d'orme, et quel est son emploi ?

512. Comment multiplie-t-on l'orme ?

513. Le frêne a-t-il une végétation active, et comment l'utilise-t-on ?

514. Quels sont les caractères qui distinguent les pins, et quels sont les plus communs dans le Midi ?

515. Comment s'effectuent les semis de pins dans la grande culture ?

516. Quelles sont les variétés de sapin les plus répandues, et comment les multiplie-t-on ?

517. Quelle est la valeur du mélèze, et comment le multiplie-t-on ?

518. Quels sont les terrains que préfère le hêtre, et quel est son emploi ?

519. A quelle époque se font les semis de hêtre ?

520. Qu'est-ce que le charme, et quel est son emploi ?

521. Comment multiplie-t-on le charme ?

522. Y a-t-il plusieurs variétés d'érable ? Quel est leur mérite et comment s'opère leur multiplication ?

523. Quelles sont les variétés les plus répandues de platane, et quel est le mérite de celui d'Orient ?

524. Quel est l'emploi du platane d'Orient, et quels sont les modes de multiplication ?

525. Y a-t-il plusieurs variétés de noyer ? Quels sont les produits de cet arbre, et leur emploi ?

526. Par quels moyens multiplie-t-on le noyer?

527. L'aune est-il d'une végétation active? Quel est son emploi et quel est la manière de le multiplier?

528. Quels sont les terrains propices au bouleau et les moyens de le multiplier?

529. Quelle est la valeur des peupliers, et dans quelles situations prospèrent-ils?

530. Quels sont les qualités du bois de peuplier, et les moyens de les multiplier?

531. Y a-t-il plusieurs variétés de saule, et quel est le mode d'exploiter le saule blanc?

532. Comment multiplie-t-on le saule blanc?

PRÉCEPTES MORAUX

Plus nous faisons de bonnes actions dans notre jeunesse, plus nous nous préparons de douceurs et de consolations pour notre vieillesse. (Larochefoucault.)

L'illusion des avares est de prendre l'or ou l'argent pour des biens, tandis que ce ne sont que des moyens pour en avoir. (Larochefoucault.)

Que chacun soit prompt à écouter, lent à parler et lent à s'irriter dans la discussion, car la colère de l'homme n'accomplit pas la justice de Dieu. (Saint Jacques.)

Le trop d'attention qu'on met à observer les défauts d'autrui fait qu'on meurt sans avoir eu le temps de connaître les siens. (La Bruyère.)

FIN.

TABLE DES MATIÈRES

Principes d'agriculture   18

DEUXIÈME PARTIE. —PRATIQUE DE L'AGRICULTURE

www.ingramcontent.com/pod-product-compliance
Lightning Source LLC
Chambersburg PA
CBHW070302200326
41518CB00010B/1863